科学のアルバム

ドングリ

埴　沙萠

あかね書房

もくじ

イラスト●吉谷昭憲
神山博光
むかいながまさ
渡辺洋二
林　四郎
装丁●画工舎

科学のアルバム

ドングリ

埴　沙萠（はに　しゃぼう）

一九三一年生まれ。大分《おおいた》県出身。

一九四九年に、作家でシャボテン研究家の龍膽寺雄《りゅうたんじゆう》氏に師事《しじ》。

シャボテンの研究のかたわら、東京農業大学遺伝育種学《いでんいくしゅがく》研究所にて、植物遺伝学を学ぶ。

一九六〇年、瀬戸内海《せとないかい》の大島（山口県）に移住《いじゅう》し、砂漠《さばく》植物の生態《せいたい》研究を行う。

現在《げんざい》は、群馬《ぐんま》県北部の雪降《ふ》る里に住んで、雪国の生物の生態を撮影《さつえい》している。

著書に「サボテンのふしぎ」「たねのゆくえ」（共にあかね書房）、

「めばえのふしぎ」（世界文化社）、

「ヒマワリ」「野菜の花」「くだものの花」（共に岩崎書店）、

「植物記」（福音館）など多数がある。

クヌギの枝《えだ》さきで、ドングリが、
秋《あき》の日《ひ》ざしにかがやいています。
枝《えだ》から落《お》ちて旅立《たびだ》つのは、もう、
すぐです。

大分県《おおいたけん》では，シイタケを育《そだ》てるためのほた木《ぎ》（ほだ木《き》ともいいます）には，クヌギの木《き》がいちばん多《おお》くつかわれています。

⬆国東半島《くにさきはんとう》の山《やま》やま。紅葉《こうよう》の季節《きせつ》は，木《き》の種類《しゅるい》がよくわかります。黄色《きいろ》いのがクヌギ，緑色《みどりいろ》の円錐状《えんすいじょう》の木《き》はスギやヒノキ，そのほかの緑色《みどりいろ》は，おもにシイやカシの木《き》です。

国東半島《くにさきはんとう》のクヌギ林《ばやし》

九州《きゅうしゅう》の東側《ひがしがわ》、瀬戸内海《せとないかい》に向《む》かって、まるくふくらんだ大分県《おおいたけん》の国東半島《くにさきはんとう》。ここは、シイタケの栽培《さいばい》が、日本《にっぽん》でいちばんさかんなところです。そして、シイタケ栽培《さいばい》に必要《ひつよう》なクヌギの木《き》を、野山《のやま》にたくさん植《う》えて、育《そだ》てています。

国東半島《くにさきはんとう》の野山《のやま》は、大《おお》むかしから生《は》えていた常緑広葉樹《じょうりょくこうようじゅ》のシイやカシなどと、人《ひと》の手《て》で植《う》えられた常緑針葉樹《じょうりょくしんようじゅ》のスギや、落葉広葉樹《らくようこうようじゅ》のクヌギの林《はやし》とがいりまじり、モザイクもようをえがいています。

そのなかのクヌギ林《ばやし》が、この本《ほん》の舞台《ぶたい》です。

⬆クヌギ林《ばやし》の小《こ》みちに落《お》ちたドングリ。暑《あつ》い夏《なつ》がおわり，クヌギの葉《は》がかすかに色《いろ》づきはじめるころ，茶色《ちゃいろ》にじゅくしたドングリが，枝《えだ》からはなれて，いきおいよく落《お》ちてきます。

⬅落《お》ちたドングリは，かれ草《くさ》や落《お》ち葉《ば》の色《いろ》とにているので，注意《ちゅうい》してさがさないと，なかなかみつかりません。動物《どうぶつ》の目《め》につかないような，“かくれ色《いろ》（保護色《ほごしょく》）”をしているのです。

⬅ドングリが落《お》ちたあと、クヌギの葉《は》は黄色《きいろ》に色《いろ》づき、やがて、茶色《ちゃいろ》になってかれてしまいます。そして、冬《ふゆ》の北風《きたかぜ》に、かれ葉《は》は空高《そらたか》く、まいちっていきます。風《かぜ》のない日《ひ》には、サラサラと音《おと》をたてて、根《ね》もとにつもります。

↑落《お》ち葉《ば》は，さきに落《お》ちたドングリをおおいかくして，冬《ふゆ》の寒《さむ》さからまもってくれます。また，ドングリを食《た》べる動物《どうぶつ》や，ドングリをひろう人《ひと》の目《め》からも，まもってくれます。

↑秋《あき》はやく落《お》ちたドングリは，冬《ふゆ》がくるまでに芽《め》生《ば》えることもあります。しかし，根《ね》をだすだけで，この姿《すがた》のままで冬《ふゆ》をこします。

←クヌギのドングリは，ふつうは，秋《あき》には芽《め》生《ば》えないで，落《お》ち葉《ば》の下《した》で冬《ふゆ》をこし，春《はる》になってから芽《め》生《ば》えます。

落《お》ち葉《ば》にまもられて（十二月《がつ》）

秋《あき》にドングリをひろった山道《やまみち》を、冬《ふゆ》になって歩《ある》いてみると、落《お》ち葉《ば》がいっぱいふりつもっています。

よくさがさないと、どこにドングリがあるか、わかりません。

落《お》ち葉《ば》をしずかにかきわけると、ドングリがでてきます。まるで、ふかふかのふとんにくるまって、ねむっているようです。

やがて、寒《さむ》い冬《ふゆ》がきて、霜《しも》や雪《ゆき》がふってもへいきです。ドングリは、落《お》ち葉《ば》にまもられて、あたたかな春《はる》がくるのをまちます。

⬆冬《ふゆ》のクヌギ林《ばやし》。葉《は》を落《お》として，強《つよ》い北風《きたかぜ》にも，重《おも》い雪《ゆき》にもたえられる姿《すがた》です。

冬《ふゆ》をこすドングリの子《こ》（一月《がつ》）

葉《は》を落《お》としてしまったクヌギは、かれ木《き》のようです。でも、枝《えだ》さきについている小《ちい》さな茶色《ちゃいろ》の芽《め》を切《き》ってみると、なかは緑色《みどりいろ》で、生《い》きいきしています。これは春《はる》になって、花《はな》や葉《は》になる冬芽《ふゆめ》です。

それともうひとつ、冬芽《ふゆめ》とはすこし形《かたち》のちがう、まるい芽《め》がついている枝《えだ》もあります。これは、昨《さく》年《ねん》の春《はる》に花《はな》がさいて実《み》をむすんだ、ドングリの子《こ》です。じつは、クヌギのドングリは、冬《ふゆ》をこして、二年目《ねんめ》の秋《あき》にじゅくすのです。

↑枝《えだ》さきの冬芽《ふゆめ》（とがっている芽《め》）の下《した》についている，まるい芽《め》のようなものは，ドングリの子《こ》です。冬芽《ふゆめ》といっしょに冬《ふゆ》をこします。たまご型《がた》のものはイラガのまゆ。この中《なか》でさなぎが冬《ふゆ》をこし，成虫《せいちゅう》は６月《がつ》ごろでてきます。

←右《みぎ》，ことしの春《はる》に花《はな》をさかせる冬芽《ふゆめ》も，枝《えだ》や葉《は》をだす冬芽《ふゆめ》も，厚《あつ》い毛皮《けがわ》にまもられています。左《ひだり》，昨年《さくねん》の春《はる》にできたドングリの子《こ》も，厚《あつ》い毛皮《けがわ》のような総苞《そうほう》につつまれています。総苞《そうほう》とは，花《はな》や実《み》を保護《ほご》する葉《は》の変化《へんか》したものです。

➡春《はる》のクヌギの枝《えだ》さき。新《あたら》しい枝《えだ》や葉《は》，つぼみが，いっしょにのびはじめます。指《ゆび》のような形《かたち》をしているのは，おばなのつぼみです。

⬇右《みぎ》，春《はる》になってふくらみはじめた冬芽《ふゆめ》。上《うえ》のとがった芽《め》が，新《あたら》しい枝《えだ》や葉《は》になり，下《した》のまるみのある芽《め》は，おばなになります。左《ひだり》は，それらの芽《め》の断面《だんめん》です。

芽《め》がふくらむころ（三月《がつ》下旬《げじゅん》～四月《がつ》）

春《はる》がきて、ヤマザクラがさくころになると、クヌギの冬芽《ふゆめ》は、きゅうにふくらみはじめます。

冬《ふゆ》のあいだは、花《はな》の芽《め》も葉《は》の芽《め》も同《おな》じ形《かたち》をしていましたが、このころになると、はっきり区別《くべつ》がつくようになります。

クヌギの花《はな》には、おばなとめばながあります。まるい大《おお》きな芽《め》は、おばなになります。小《ちい》さなとがった芽《め》は、葉《は》や枝《えだ》になり、めばなのつぼみは、この芽《め》の中《なか》にあります。

芽《め》がふくらみはじめたクヌギ林《ばやし》に

春《はる》のクヌギ林《ばやし》の地面《じめん》をいろどる花《はな》

冬《ふゆ》のクヌギ林《ばやし》は、空《そら》をおおう葉《は》がありません。下《した》草《くさ》のササなどをかりとって、手入《てい》れのゆきとどいた林《はやし》では、地面《じめん》によく日《ひ》があたり、落《お》ち葉《ば》の下《した》に手《て》をいれると、とてもあたたかです。

こんなクヌギ林《ばやし》では、春《はる》になるといろいろな花《はな》がさきます。地面《じめん》の下《した》で冬《ふゆ》ごしをしてきた草《くさ》の花《はな》です。

春《はる》さきのクヌギ林《はやし》の地面《じめん》にさく花《はな》。①スミレ，②ハルリンドウ，③キジムシロの花《はな》にきたモモブトカミキリモドキ。春《はる》さきは，チョウやハナバチのなかまなど，花粉《かふん》を運《はこ》ぶ昆虫《こんちゅう》の活動《かつどう》が，まだ活発《かっぱつ》でないので，昆虫《こんちゅう》がこなくても実《み》をむすぶ花《はな》が多《おお》いようです。スミレやハルリンドウがその例《れい》です。

は、春《はる》のやわらかい日《ひ》ざしが、いっぱいにさしこみます。

落《お》ち葉《ば》の下《した》で冬《ふゆ》をこしたドングリの、芽生《めば》えもはじまります。昨年《さくねん》の秋《あき》に、落《お》ちてすぐ根《ね》をだしたドングリは、芽《め》や茎《くき》をのばしはじめます。

↑冬《ふゆ》をこして，芽生《めば》えはじめたドングリ。昨年《さくねん》の秋《あき》に根《ね》をのばし，冬《ふゆ》をこしたドングリも茎《くき》や葉《は》をのばし，生長《せいちょう》をはじめます。

花《はな》がさいたクヌギ。黄色《きいろ》にみえるのは，おばなの穂《ほ》です。めばなは小《ちい》さいのでみえません。おばなの穂《ほ》は，新《あたら》しい枝《えだ》のつけねにつき，めばな（矢印《やじるし》）は新《あたら》しい枝《えだ》の葉《は》のわきにつきます。

クヌギの花《はな》（四月中《がつちゅう》〜下旬《げじゅん》）

クヌギの花《はな》がさくと、黄《き》色《いろ》にみえます。でも、これは花《はな》びらの色《いろ》ではありません。花粉《かふん》の色《いろ》なのです。

たばになってぶら下《さ》がっている花《はな》の穂《ほ》には、花《はな》びらのないおばながたくさんついていて、花粉《かふん》をいっぱいだします。この花粉《かふん》は、風《かぜ》にふきちらされて飛《と》んでゆき、めばなのめしべにつきます。

めばなは、春《はる》に新《あたら》しくのびた枝《えだ》の、わかい葉《は》のわきについています。

このような、虫《むし》の助《たす》けをかりずに、風《かぜ》の力《ちから》で花粉《かふん》をまきちらし、受粉《じゅふん》するしくみの花《はな》を、風媒花《ふうばいか》とよんでいます。

クヌギのおばなの花粉《かふん》は，風《かぜ》にふかれ，黄色《きいろ》いけむりのようにちっていきます。

おばなの穂《ほ》は，花粉《かふん》をちらすとかれて，みんな落《お》ちてしまいます。

めばな（直径《ちょっけい》1.5～２mm）の拡大《かくだい》。めばなにも花《はな》びらがなく，粘液《ねんえき》をつけた３本《ぼん》のめしべがあります。葉《は》のわきについていて，総苞《そうほう》につつまれています。

おばな(直径《ちょっけい》４～５mm)の穂《ほ》の拡大《かくだい》。６～８本《ぼん》のおしべと５枚《まい》のがくだけのおばなが下向《したむ》きにならんでついています。右《みぎ》の穂《ほ》は，まだ花《はな》がひらいていません。

➡新緑《しんりょく》のクヌギ林《はやし》。このころは日《ひ》ごとに新《あたら》しい葉《は》がひろがり、林《はやし》は、もえるような若緑《わかみどり》で光《ひか》りかがやきます。林《はやし》の中《なか》も、明《あか》るい緑色《みどりいろ》の光《ひかり》にみちあふれ、ワラビなどがのびてきます。

新緑《しんりょく》のクヌギ林《ばやし》（五月上旬《がつじょうじゅん》）

花《はな》がさきおわると、クヌギの若葉《わかば》は、いっせいにのびはじめます。

花《はな》がさいているあいだは、風《かぜ》でちった花粉《かふん》が、め・し・べにつくのをじゃましないように、まっていたのでしょうか。葉《は》はきゅうにひろがっていき、林《はやし》は、やわらかい緑《みどり》でつつまれます。

春《はる》に芽生《めば》えたドングリも、ぐんぐん茎《くき》をのばし、本葉《ほんば》をひろげます。

また、冬《ふゆ》のあいだに、ほた木《ぎ》をつくるために切《き》られたクヌギの切《き》り株《かぶ》からも、芽《め》がでてきて、葉《は》をひろげます。このような芽生《めば》えを、〝ひこばえ〟といいます。

↑春《はる》に芽生《めば》えたドングリは，茎《くき》がのびて本葉《ほんば》をだしました。からの中《なか》からのぞいているのは，根《ね》や茎《くき》をだすときの養分《ようぶん》をたくわえた子葉《しよう》です。ドングリの芽生《めば》えは，子葉《しよう》を地上《ちじょう》へは，もちあげません。

←クヌギのひこばえ。切《き》り株《かぶ》からでた芽《め》も生長《せいちょう》して，やがて大《おお》きな木《き》になります。

➡クヌギハナタマフシとよばれる虫《むし》こぶ。春《はる》，おばなの穂《ほ》が玉《たま》になって，綿毛《わたげ》につつまれた姿《すがた》でみられます。

⬇クヌギハナタマフシの断面《だんめん》。中《なか》に幼虫《ようちゅう》がいるのがみえます。幼虫《ようちゅう》のしげきでこのようなこぶができるのです。

花《はな》や葉《は》にできたふしぎな玉《たま》（四月《がつ》〜六月《がつ》）

クヌギの花《はな》がさくころ、枝《えだ》さきに赤《あか》みがかった綿毛《わたげ》の玉《たま》がついていることがあります。なかには、その綿毛《わたげ》からおばなの穂《ほ》がでているものもあります。

これは、クヌギハナワタタマバチというハチが、冬《ふゆ》のあいだに、花《はな》の芽《め》にたまごをうみつけたためにできた虫《むし》こぶで、クヌギハナタマフシとよんでいます。

また、クヌギの葉《は》に、赤《あか》くてまるい玉《たま》ができていることがあります。これは、クヌギハアカタマフシといい、クヌギハアカタマバチがたまごをうみつけたためにできた虫《むし》こぶです。

⬆夏《なつ》のクヌギの葉《は》にできた，クヌギハアカタマバチの虫《むし》こぶ。クヌギハアカタマフシとよばれています。

⬅クヌギハアカタマフシの断面《だんめん》。まん中《なか》にいるのは幼虫《ようちゅう》です。

➡アラカシの芽《め》ぶいたばかりの葉《は》と花《はな》。古《ふる》い葉《は》（こい緑色《みどりいろ》）もまだのこっています。アラカシは、クヌギと同《おな》じなかまですが、五月《がつ》ごろ、古《ふる》い葉《は》を落《お》とすのといれかわりに新《あたら》しい葉《は》をだし、花《はな》も、そのころにさかせます。

常緑樹《じょうりょくじゅ》のドングリとその落葉《らくよう》（五月《がつ》）

ドングリがなる木《き》のなかまには、クヌギのように、冬《ふゆ》には葉《は》を落《お》とす落葉樹《らくようじゅ》と、一年《ねん》じゅう葉《は》をつけている、常緑樹《じょうりょくじゅ》とがあります。

カシやシイ類《るい》が、常緑樹《じょうりょくじゅ》のドングリです。このなかまの葉《は》は厚《あつ》くてつやがあり、光《ひか》っているので、照葉樹《しょうようじゅ》ともよばれています。

一年《ねん》じゅう緑《みどり》のカシやシイ類《るい》も、じつは、五月《がつ》ごろ葉《は》を落《お》とします。でも、古《ふる》い葉《は》が落《お》ちるのといれかわりに、新《あたら》しい葉《は》がでるのでめだちません。

国東半島《くにさきはんとう》の山《やま》やまには、これらのカシやシイ類《るい》のドングリの木《き》もたくさん生《は》えています。

↑国東半島《くにさきはんとう》の山《やま》にみられるスダジイ（別名《べつめい》イタジイ）の原生林《げんせいりん》。温暖《おんだん》で雨《あめ》の多《おお》い九州地方《きゅうしゅうちほう》の本来《ほんらい》の林《はやし》は，カシやシイ類《るい》などをふくむ照葉樹林《しょうようじゅりん》です。

←スダジイの原生林《げんせいりん》の地面《じめん》にふりつもった照葉樹《しょうようじゅ》の落《お》ち葉《ば》。原生林《げんせいりん》の大木《たいぼく》も，毎年《まいねん》５月《がつ》ごろ，古《ふる》い葉《は》と新《あたら》しい葉《は》とが，いれかわります。

↑スダジイの花《はな》。6月《がつ》になると，国東半島《くにさきはんとう》の山《やま》やまは，シイの花《はな》でおおわれ，遠《とお》くからみると，山《やま》がむくむくともりあがっているようにみえます。

カシやシイ類《るい》の花《はな》（五月《がつ》〜六月《がつ》）

クヌギの花《はな》がおわるころから、カシ類《るい》の花《はな》がさきます。そして、カシ類《るい》の花《はな》がおわるころに、シイ類《るい》の花《はな》がさきはじめます。

シイ類《るい》の花《はな》のつき方《かた》は、クヌギやカシ類《るい》とよくにています。でも、おばなの穂《ほ》はたれ下《さ》がらないで、なめ上向《うわむ》きにでるのが、大《おお》きなとくちょうです。

上向《うわむ》きにでたおばなの穂《ほ》は、木《き》をおおってしまうほどです。このため、シイ類《るい》の花《はな》は、遠《とお》くからみても、たいへんよくめだちます。

➡スタジイの花《はな》。おばなの穂《ほ》は，新《あたら》しくのびた枝《えだ》の，下《した》のほうの葉《は》のわきから，ななめ上《うわ》向《む》きにでます。

⬇スタジイのめばな。６月《がつ》に新《あたら》しくのびた枝《えだ》の，上《うえ》のほうの葉《は》のわきから，めばなだけの穂《ほ》をだします。

➡ツクバネガシの花《はな》。おばなの穂《ほ》のふさは，新《あたら》しい枝《えだ》のもとからたれ下《さ》がり，めばなの穂《ほ》は，わかい葉《は》のわきにつきます。

⬇ツクバネガシのめばな。新《あたら》しくのびた枝《えだ》の葉《は》のわきから，みじかい穂《ほ》をだして花《はな》を２～３個《こ》つけます。

⬆６月《がつ》のクヌギのドングリ。ことしのびた若《わか》い緑色《みどりいろ》の枝《えだ》には，来年《らいねん》の秋《あき》にじゅくすドングリの子《こ》ができています。葉《は》のわきにまもられるように，ついています。いっぽう，昨年《さくねん》のびた古《ふる》くて，黒《くろ》ずんだ枝《えだ》には，ことしの秋《あき》にじゅくすドングリがついています。そばにあった葉《は》は，昨年《さくねん》の秋《あき》に落《お》ちてしまいましたが，かわって総苞《そうほう》が生長《せいちょう》して，ドングリをまもっています。

⬆昨年《さくねん》の春《はる》にできたドングリの子《こ》。6月《がつ》ごろには直径《ちょっけい》4～5㎜くらいに生長《せいちょう》し，このころからきゅうにふくらみはじめます。
➡ことしの春《はる》に実《み》をむすんだドングリの子《こ》。すこしふくらんできました。直径約《ちょっけいやく》2㎜。

ドングリの生長《せいちょう》（六月《がつ》）

昨年《さくねん》の春《はる》に花《はな》がさいてできたドングリの子《こ》は、夏《なつ》をこし、冬《ふゆ》をこし、そして、春《はる》をこし、二度目《どめ》の夏《なつ》をむかえるころから、やっと大《おお》きくなりはじめます。

まるくふくらんできたドングリを、かわらのように、かさなりあってつつんでいる、総苞《そうほう》の数《かず》も多《おお》くなりました。

そのドングリがついている枝《えだ》よりさきの緑色《みどりいろ》の枝《えだ》は、ことしの春《はる》にのびたわかい枝《えだ》です。

わかい枝《えだ》の葉《は》のわき・・には、ことしの春《はる》に、花《はな》がさいて実《み》をむすんだ小《ちい》さなドングリの子《こ》がついています。

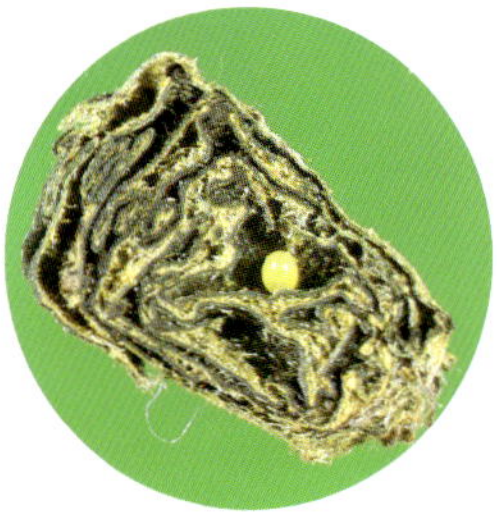

↑オトシブミは，クヌギの葉《は》をじょうずにかみ切《き》ってまき，その中《なか》にたまご（円内《えんない》）をうみます。幼虫《ようちゅう》は，自分《じぶん》をつつんでいる葉《は》を食《た》べて育《そだ》ちます。

←クヌギの葉《は》をむしゃむしゃ食《た》べるヤママユガの幼虫《ようちゅう》。6月《がつ》ごろまゆをつくり，8月《がつ》には成虫《せいちゅう》になります。冬《ふゆ》はたまごでこします。

クヌギ林《ばやし》に集《あつ》まる虫《むし》（六月《がつ》〜八月《がつ》）

緑《みどり》の葉《は》をしげらせたクヌギは、太陽《たいよう》の光《ひかり》をあびて、光合成《こうごうせい》をおこないます。生《い》きていくための栄養分《えいようぶん》をつくっているのです。

その、クヌギの栄養分《えいようぶん》を食料《しょくりょう》にしている、いろいろな昆虫《こんちゅう》もいます。

オトシブミやヤママユガ、イラガの幼虫《ようちゅう》は、葉《は》を食《た》べて栄養分《えいようぶん》を横《よこ》どりします。

木《き》の幹《みき》をかじったり、トンネルをほって、中《なか》の木部《もくぶ》を食《た》べるカミキリムシもいます。その傷口《きずぐち》をふさぐためにだした樹液《じゅえき》を、なめにくる昆虫《こんちゅう》たちもいます。

なかにはカブトムシの幼虫《ようちゅう》のように、くちた葉《は》からできた土《つち》を食《た》べる昆虫《こんちゅう》もいます。

↑クヌギの幹《みき》の傷口《きずぐち》から流《なが》れでる樹液《じゅえき》は，あまずっぱいにおいがします。そのにおいにひかれて，ゴマダラチョウやカナブン，カブトムシなどがやってきます。

←昨年《さくねん》の秋《あき》，落《お》ち葉《ば》の下《した》にうみつけられたカブトムシのたまごは，くちた葉《は》でできた土《つち》（腐《ふ》養土《ようど》）の中《なか》で幼虫時代《ようちゅうじだい》をすごし，初夏《しょか》には，さなぎになります。まもなく羽化《うか》して，地上《ちじょう》へでてきて樹液《じゅえき》をすうことでしょう。

←葉《は》がしげり，うすぐらくなった夏《なつ》のクヌギ林《ばやし》。下草《したくさ》には，ほとんど日《ひ》がさしません。キノコやギンリョウソウ(円内《えんない》)など，日光《にっこう》がなくても生《い》きていける植物《しょくぶつ》たちが生《は》える季節《きせつ》です。

↑春《はる》にドングリから芽生《めば》えたなえも大《おお》きくなりました。しかし，クヌギ林《ばやし》が葉《は》でおおわれると，光《ひかり》があたらず，かれるものもでてきます。なかには大《おお》きく育《そだ》つものもありますが，ほそくてひょろひょろです。また，農家《のうか》の人《ひと》が林《はやし》の手入《てい》れをするときに，下草《したくさ》といっしょに，かりとられてしまうこともあります。

➡８月《がつ》のドングリ。昨年《さくねん》の春《はる》にはめばなをつつみ，冬《ふゆ》はドングリの子《こ》をつつんでまもってきた総苞《そうほう》が，ほそ長《なが》くのびてきました。直径《ちょっけい》は約《やく》１cm。

⬇そのころのドングリの断面《だんめん》。総苞《そうほう》につつまれて，ドングリが生長《せいちょう》します。

大《おお》きく育《そだ》ったドングリ（八月《がつ》～九月《がつ》上旬《じょうじゅん》）

八月《がつ》になると、この秋《あき》にじゅくすドングリは、大《おお》きく育《そだ》ってめだつようになります。

六月《がつ》ごろには、みじかくて、かわらのようにかさなりあっていた総苞《そうほう》のひとつひとつが、長《なが》くのびてきます。

九月《がつ》のはじめには、総苞《そうほう》のつつみをおしひらいて、大《おお》きなドングリがでてきます。顔《かお》をだしたばかりのドングリは、まだわかわかしい緑色《みどりいろ》をしています。

このころ、ドングリにゾウムシがあなをあけ、たまごをうみつけることがあります。ゾウムシの幼虫《ようちゅう》は、ドングリのなかみを食《た》べて、虫食《むしく》いドングリにしてしまいます。

⬆９月《がつ》になると総苞《そうほう》がひらき，おわんのような形《かたち》になります。これを殻斗《かくと》とよびます。顔《かお》をだしたドングリは，まだじゅくしていません。

⬅大《おお》きくなったドングリの断面《だんめん》。厚《あつ》い皮《かわ》につつまれたなかみは，２枚《まい》のぶ厚《あつ》い子葉《しよう》です。子葉《しよう》には，クヌギの葉《は》が光合成《こうごうせい》でつくった栄養《えいよう》分《ぶん》が，いっぱいつまっています。この栄養分《えいようぶん》は，芽生《めば》えのときにつかわれます。

➡クヌギシギゾウムシは，長《なが》いくちばしでドングリの総苞《そうほう》ごしにあなをあけ，そこからたまごをうみつけます。

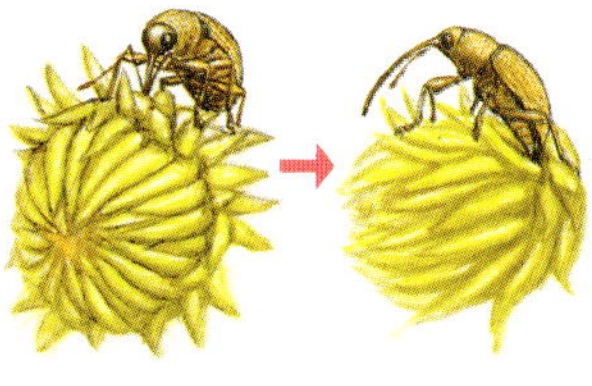

茶色《ちゃいろ》になったドングリと，かすかに色《いろ》づきはじめた葉《は》。ことしの春《はる》に芽《め》ぶき，木《き》を育《そだ》て，ドングリを育《そだ》てるためにはたらいてきたクヌギの葉《は》ですが，雨風《あめかぜ》にうたれたり，虫《むし》に食《た》べられたりして，いたみがめだちます。

ドングリがじゅくして落《お》ちるころ，クヌギ林《ばやし》の葉《は》は，ほんのり色《いろ》づきはじめます。

色《いろ》づきはじめたドングリ（九月《がつ》）

総苞《そうほう》から顔《かお》をだしたドングリは、初秋《しょしゅう》の日《ひ》ざしをあびて、茶色《ちゃいろ》に色《いろ》づいてきます。

秋《あき》の野《の》山《やま》では、いろいろな木《き》の実《み》がじゅくします。鳥《とり》たちに食《た》べられて旅《たび》をする木《き》の実《み》は、めだつ赤《あか》や黄《き》色《いろ》です。でも、ドングリの茶《ちゃ》色《いろ》は、あまりめだちません。

ドングリが色《いろ》づきはじめると、いままで、こい緑《みどり》色《いろ》だったクヌギの葉《は》も、すこし黄《き》色《いろ》くなってきます。冬《ふゆ》にそなえて葉《は》を落《お》とす、じゅんびがはじまったのです。

↑花《はな》がさいて，実《み》をむすんでから18か月《げつ》目《め》のドングリです。やっとじゅくしました。直径《ちょっけい》約《やく》1.5cm。もうすぐ，総苞《そうほう》のおわんからはなれて落《お》ちることでしょう。わかい枝《えだ》には，ことしの春《はる》に実《み》をむすんだドングリの子《こ》がみえます。

→ことしの春《はる》にできたドングリの子《こ》は，厚《あつ》い毛皮《けがわ》のような総苞《そうほう》につつまれて，寒《さむ》い冬《ふゆ》をむかえるじゅんびができています。

↑クヌギイガフシとよばれる虫《むし》こぶ。ドングリの総苞《そうほう》によくにています。右《みぎ》は夏《なつ》，左《ひだり》は秋《あき》のクヌギイガフシです。

←12月《がつ》ごろ，クヌギイガタマバチの成虫《せいちゅう》が，虫《むし》こぶからでてきます。虫《むし》こぶを切《き》ると，中《なか》にさなぎのからがのこっていました。

じゅくしたドングリ（九月《がつ》下《げ》旬《じゅん》〜十月《がつ》）

じゅくしたドングリは、おわん型《がた》の総苞《そうほう》（殻斗《かくと》）からはなれて、落《お》ちてゆきます。なかには、殻斗《かくと》といっしょに落《お》ちるドングリもあります。

このころ、いつまでたってもドングリが顔《かお》をださないで、とじたままの総《そう》苞《ほう》をみかけることがあります。よくみると、ドングリの総苞《そうほう》ににていますが、ちがいます。これは、クヌギイガバチが、枝《えだ》にたまごをうみつけたためにできた虫《むし》こぶです。

夏《なつ》ごろ、緑色《みどりいろ》の総苞《そうほう》のような虫《むし》こぶができ、秋《あき》には茶色《ちゃいろ》になります。

落葉《らくよう》する木《き》にできるドングリ

カシワ。日本全国《にっぽんぜんこく》に生《は》えていますが，九州《きゅうしゅう》では高原《こうげん》に多《おお》く生《は》えています。

ミズナラ。北《きた》の地方《ちほう》の野山《のやま》に多《おお》く，九州《きゅうしゅう》では高《たか》い山《やま》に生《は》えます。

コナラ。日本全国《にっぽんぜんこく》の野山《のやま》に生《は》え，ほた木用《ぎよう》として栽培《さいばい》もされています。

いろいろなドングリ（九月《がつ》〜十月《がつ》）

日本《にっぽん》では、ドングリのなる木《き》は、クヌギのほかに、十七種類《しゅるい》くらいあります。花《はな》のつき方《かた》やドングリの形《かたち》、殻斗《かくと》の形《かたち》などで、種類《しゅるい》を区別《くべつ》しています。そして、大《おお》きくわけると、クヌギのようにおばなの穂《ほ》がたれ下《さ》がるナラ類《るい》と、おばなの穂《ほ》が立《た》ってつくシイ類《るい》とにわけられます。

落葉樹《らくようじゅ》のクヌギと常緑樹《じょうりょくじゅ》のカシ類《るい》とは、ちがうなかまのようにみえますが、おばなのつき方《かた》から、同《おな》じなかまとしています。

ナラ類《るい》にもシイ類《るい》にも、花《はな》がさいて受粉《じゅふん》した、その秋《あき》にドングリがじゅくすものと、翌年《よくねん》の秋《あき》にじゅくすものとがあります。

※写真《しゃしん》のドングリは、コナラ、ミズナラ、カシワ、アラカシをのぞいて、いずれも受粉《じゅふん》した翌年《よくねん》の秋《あき》にじゅくします。

常緑《じょうりょく》の木《き》にできるドングリ

ツクバネガシ。南《みなみ》の地方《ちほう》に多《おお》く，小枝《こえだ》に4枚《まい》の葉《は》がつくばね形《がた》につきます。

スダジイ（イタジイ）。あたたかい地方《ちほう》に多《おお》く，実《み》はなまで食《た》べられます。

ウバメガシ。あたたかい海岸《かいがん》に多《おお》く，この木《き》から質《しつ》のよい炭《すみ》ができます。

マテバシイ。あたたかい地方《ちほう》に生《は》え，なまで食《た》べられます。

アラカシ。あたたかい地方《ちほう》の野山《のやま》に，もっとも多《おお》いカシです。

シリブカガシ。あたたかい地方《ちほう》に生《は》え，花《はな》は秋《あき》にさきます。なまで食《た》べられます。

ドングリのゆくえ（九月《がつ》下旬《げじゅん》～十月《がつ》）

ドングリが落《お》ちる。これは、たねの旅立《たびだ》ちです。落《お》ちていったさきで芽生《めば》えて育《そだ》つのが、本来《ほんらい》の目的《もくてき》です。

でも、ドングリは、どこに落《お》ちるか、わかりません。運《うん》わるく、岩《いわ》の上《うえ》に落《お》ちてわれることもあります。池《いけ》に落《お》ちることもあります。

←池《いけ》に落《お》ちてしまったクヌギのドングリ。ドングリは，落《お》ちてゆくさきを，自分《じぶん》でえらぶことができません。

↓水《みず》の中《なか》にしずんだドングリ。水《みず》の中《なか》では，芽生《めば》えることができません。ういているのは，ゾウムシの幼虫《ようちゅう》に食《く》いあらされた，虫食《むしく》いドングリです。

⬆アカネズミに食《た》べられるドングリ。落《お》ち葉《ば》の下《した》にかくれて，人間《にんげん》にみつからなくても，ネズミにはみつけられてしまいます。冬《ふゆ》ごしをまえにして，ネズミたちは，ドングリを食《た》べてからだに栄養《えいよう》をたくわえます。

↑ゾウムシの幼虫《ようちゅう》に食《く》いあらされたドングリ。これでは，芽生《めば》えることができません。

←運《うん》よく芽生《めば》えたドングリのなえが，下草《したくさ》の中《なか》でここまで育《そだ》ちました。おさないクヌギの木《き》の場合《ばあい》，冬《ふゆ》になっても葉《は》を落《お》とさないことが多《おお》いようです。

せっかく土《つち》の上《うえ》に落《お》ちても、子《こ》どもたちにひろわれて、机《つくえ》のひきだしにしまいこまれることもあります。

九州《きゅうしゅう》や四国《しこく》では、ドングリの中《なか》にいるゾウムシの幼虫《ようちゅう》を、魚《さかな》つりのえ・さにするのがさかんです。そのため、おとなの人《ひと》は、ゾウムシのいないドングリまでひろっていきます。

山道《やまみち》を歩《ある》く人《ひと》や、車《くるま》につぶされてしまうドングリもあります。

アカネズミは、落《お》ちたドングリを、ほとんどみんな食《た》べてしまいます。また、茎《くき》をのばしはじめたドングリまでも食《た》べて、からしてしまいます。

⬆雪《ゆき》のクヌギ林《ばやし》。このクヌギ林《ばやし》は，撮影《さつえい》した翌日《よくじつ》に，ほた木用《ぎよう》に切《き》られてしまいました。

⬇秋《あき》に根《ね》をだして冬《ふゆ》をこすドングリ。ネズミなどにみつからずに，ぶじに冬《ふゆ》をこせるでしょうか。

雪《ゆき》のクヌギ林《ばやし》（十二月《がつ》）

こずえでは、ことしの春《はる》に実《み》をむすんだドングリの子《こ》が、冬芽《ふゆめ》といっしょに、春《はる》をまっています。

雪《ゆき》の下《した》では、秋《あき》に落《お》ちたドングリが落《お》ち葉《ば》にくるまって、春《はる》をまっています。

＊十五年《ねん》めごとに切《き》られるクヌギ林《ばやし》

●国東半島《くにさきはんとう》のクヌギ林《ばやし》の利用《りよう》のしかた

ドングリから育《そだ》ったなえ。４〜５年《ねん》めからドングリをつけます。

下草《したくさ》をかって手《て》入《い》れをします。

15年《ねん》めくらいでほた木用《ぎよう》に切りたおします。

よぶんなひこばえの芽《め》をまびきます。

また15年《ねん》くらいたつと，ほた木《き》用《よう》に切《き》りたおします。

▲クヌギのドングリを畑《はたけ》にまいて，なえを育《そだ》てています。

▲切《き》りたおしたほた木《ぎ》に，シイタケの菌《きん》をうめこんでいます。

■ひこばえでできたクヌギ林《ばやし》■

ひこばえのときは，何本《なんぼん》も芽《め》がでてきますが，ほた木用《ぎよう》には，ふつう，よぶんな芽《め》を切《き》りとって１本《ぽん》にしたてます。

ひこばえは，１本《ぽん》の木《き》から枝《えだ》がでるのと同《おな》じことですから，何代《なんだい》もつづけると，木《き》が弱《よわ》ることもあります。そのときは，近《ちか》くでドングリから芽生《めば》えたなえが大《おお》きく育《そだ》ちます。

国東半島《くにさきはんとう》では、シイタケのほた木《ぎ》をつくるために、クヌギを育《そだ》てていますが、約《やく》十五年《ねん》めごとに切《き》ります。

クヌギは、手入《てい》れによってもちがいますが、十五年《ねん》くらいで、ほた木《ぎ》に適《てき》した直径《ちょっけい》十〜十五センチメートルの木《き》に育《そだ》ちます。

切《き》るのは、栄養分《えいようぶん》がじゅうぶんにたくわえられた、秋《あき》のおわりから、冬《ふゆ》のあいだです。

クヌギは、切《き》ったあとの切り株《かぶ》から、ひこばえの芽《め》がでます。このひこばえの芽《め》は生長《せいちょう》して、十五年後《ねんご》にはまた、ほた木用《ぎよう》として切《き》られます。こうして、ひこばえがのびては切《き》られ、何代《なんだい》も何十代《なんだい》もくりかえしているのが、国東半島《くにさきはんとう》のクヌギ林《ばやし》です。

現在《げんざい》は、ほた木《ぎ》が足《た》りず、ドングリを畑《はたけ》にまいてなえを育《そだ》て、山《やま》に植《う》えつけていますが、そのドングリは、韓国《かんこく》から輸入《ゆにゅう》しています。

クヌギの分布《ぶんぷ》

クヌギの分布《ぶんぷ》は，シイやカシなどをふくむ照葉樹林《しょうようじゅりん》の分布《ぶんぷ》とほぼかさなっています。

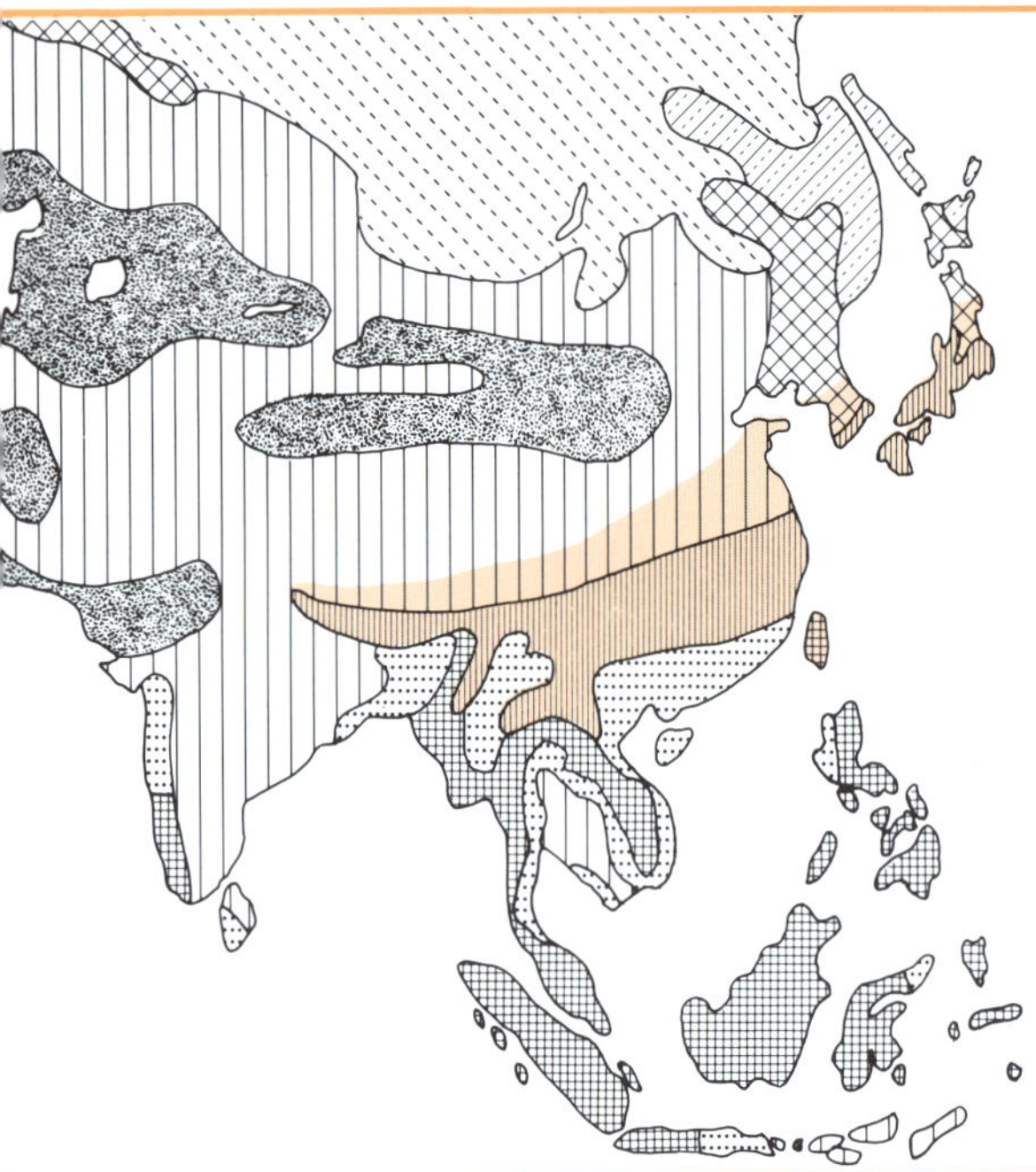

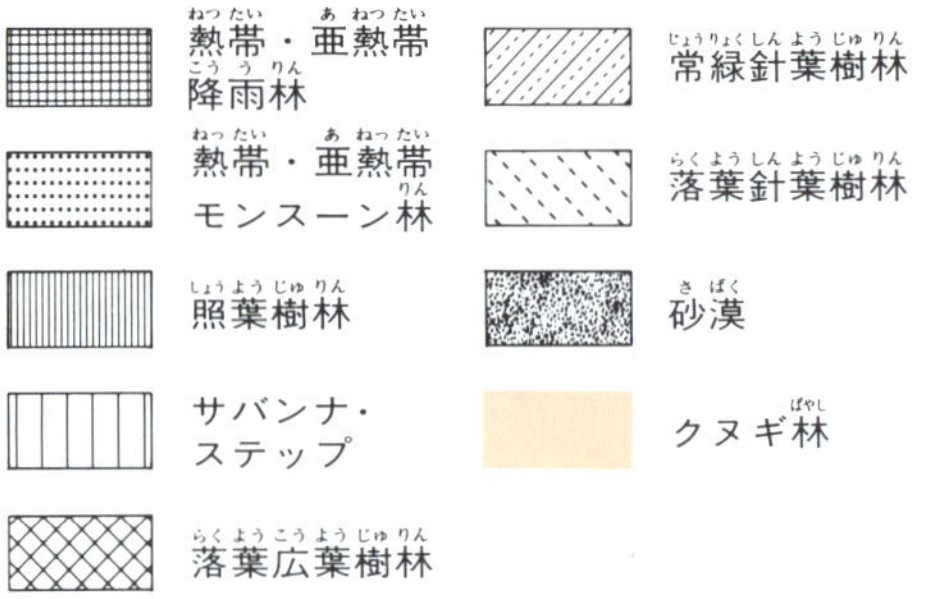

※「稲作以前《いなさくいぜん》」(佐々木高明《ささきこうめい》著、1971年刊《ねんかん》)に掲載《けいさい》の図を一部《いちぶ》改変《かいへん》。

現在《げんざい》、日本《にっぽん》で野生《やせい》のクヌギが生《は》えているのは、岩手《いわて》、山形県《やまがたけん》より南《みなみ》の、あたたかい地方《ちほう》です。しかし、沖縄《おきなわ》県《けん》には生《は》えていません。

外国《がいこく》では、朝鮮半島《ちょうせんはんとう》、中国《ちゅうごく》、ネパールに分布《ぶんぷ》していますが、寒帯《かんたい》や高山《こうざん》、それに熱帯《ねったい》には生《は》えていません。

こうして分布《ぶんぷ》をみると、クヌギは、人類《じんるい》の生活《せいかつ》しやすい温暖《おんだん》な気候《きこう》のところに生《は》える植物《しょくぶつ》のようです。そのため、大《おお》むかしから人類《じんるい》にとっては身近《みぢか》な木《き》で、いろいろなことに利用《りよう》され、切《き》られてきたことでしょう。

クヌギのドングリは、冬《ふゆ》をこして二年《ねん》めにじゅくします。でも、寒《さむ》いのがきらいなクヌギが、寒《さむ》い冬《ふゆ》をこしてドングリをつくるというのは、すこしおかしいと思《おも》います。もともとは、冬《ふゆ》のない、しかし熱帯《ねったい》でもない地方《ちほう》が、クヌギのふるさとだったのでしょう。

中国《ちゅうごく》の雲南省《うんなんしょう》は、冬《ふゆ》はあたたかく、夏《なつ》はすずしい、一年中《ねんじゅう》、春《はる》のようなところです。このあたりが、クヌギのふるさとなのかもしれません。

▲わずかにのこる武蔵野《むさしの》の雑木林《ぞうきはやし》。

●武蔵野《むさしの》の雑木林《ぞうきはやし》の利用《りよう》のしかた

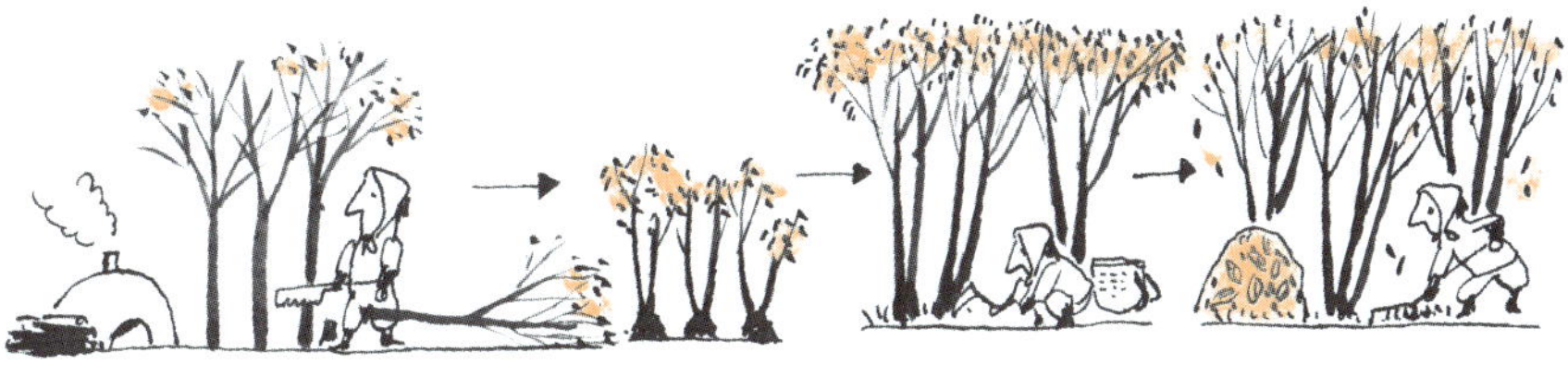

まきや炭《すみ》づくりのために切《き》りたおします。

ひこばえの芽《め》を育《そだ》てます。

下草《したくさ》をかって手《て》入《い》れをします。

落《お》ち葉《ば》をかき集《あつ》めて，田畑《たはた》の肥《ひ》料《りょう》にします。

●武蔵野《むさしの》の雑木林《ぞうきばやし》

雑木林《ぞうきばやし》とは、いろいろな種類《しゅるい》の木《き》が生《は》えている林《はやし》のことです。文学作品《ぶんがくさくひん》で有名《ゆうめい》になった、武蔵野《むさしの》（東京近郊《とうきょうきんこう》）の雑木林《ぞうきばやし》は、コナラやクヌギなど、ドングリをつけるナラ類《るい》の林《はやし》です。

大《おお》むかしは、武蔵野《むさしの》一帯《いったい》もシラカシなどの照葉樹《しょうようじゅ》の森《もり》でしたが、のちの時代《じだい》に人《ひと》びとが切《き》ったため、そのあとに、コナラなどが生《は》えてきたといわれています。

雑木林《ぞうきばやし》の木《き》は、燃料《ねんりょう》のまきや炭《すみ》にしたり、落《お》ち葉《ば》や下草《したくさ》をたい肥《ひ》にしたりして、人《ひと》びとの生活《せいかつ》に利《り》用《よう》されてきました。

とくに江戸時代《えどじだい》には、わざわざクヌギなどを植《う》えて、雑木林《ぞうきばやし》を育《そだ》てたという記録《きろく》ものこっています。

しかし、石油《せきゆ》やガス、電気《でんき》、化《か》学肥料《がくひりょう》をつかう現代《げんだい》では、雑木林《ぞうきばやし》を利用《りよう》することもなくなり、あれてきました。そして、住宅《じゅうたく》や道路《どうろ》のため、姿《すがた》を消《け》していっています。

その中国大陸《ちゅうごくたいりく》のクヌギが、いつ、どこを通《とお》って日本《にっぽん》へはいってきたか、くわしいことはわかっていません。おそらく、日本《にっぽん》が大陸《たいりく》の一部《いちぶ》だった時代《じだい》で、いまよりずっと気温《きおん》が高《たか》い、五千万年《せんまんねん》くらい前《まえ》のことではないかと考《かんが》えられています。

なお、日本《にっぽん》では、約《やく》二百万年前《ひゃくまんねんまえ》の地層《ちそう》から、クヌギの化石《かせき》がみつかっています。

●国東半島《くにさきはんとう》の雑木林《ぞうきばやし》

国東半島《くにさきはんとう》で、雑木林《ぞうきばやし》として利用《りよう》されてきた林《はやし》には、大《おお》きくわけて二つあります。ひとつは、照葉樹《しょうようじゅ》の木《き》が、ひこばえで育《そだ》つ雑木林《ぞうきばやし》です。もうひとつは、やせた土地《とち》や乾燥《かんそう》した土地《とち》に生《は》える、クロマツを中心《ちゅうしん》とした雑木林《ぞうきばやし》です。しかし、いまはマツクイムシのために、マツはほとんどかれて、かわりにスギやヒノキ、クヌギなどが植《う》えられています。

▲いまでも，シイやカシなどの照葉《しょうよう》樹《じゅ》を切《き》って，炭《すみ》をやいています。

▲国東半島《くにさきはんとう》の照葉樹《しょうようじゅ》の雑木林《ぞうきばやし》。武蔵《むさし》野《の》のような，雑木林《ぞうきばやし》はありません。

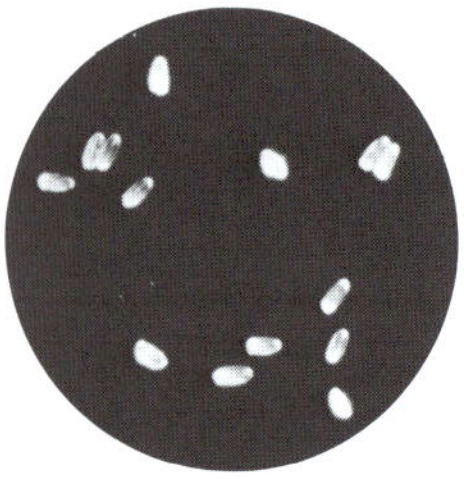

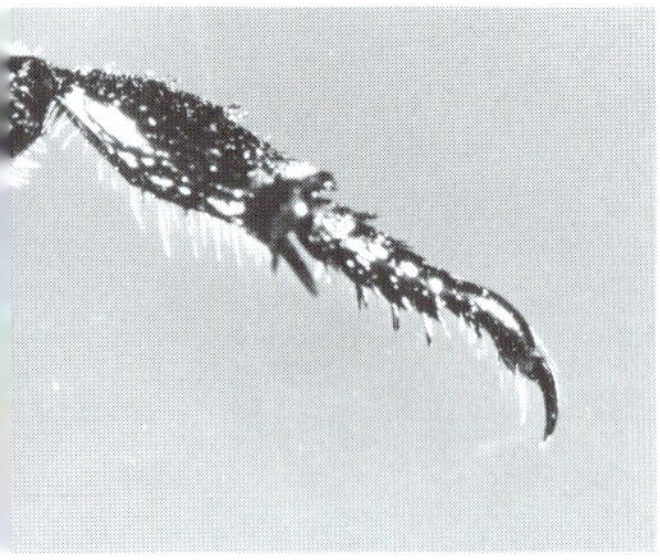

↑クリの花粉《かふん》は，花《はな》にやってきたハナムグリの足《あし》に，ほとんどつきませんでした。円内《えんない》は，クリの花粉《かふん》。

●**クリの花《はな》とアリ**

クリの花《はな》には，アリがたくさん集《あつ》まってきます。しかし，おばなにくるだけです。おばなの穂《ほ》のねもとにあるめばなには，やってきません。おばなへいくとちゅうに，めばなの上《うえ》をとおることもありますが，たいていは，めばなをよけてとおります。

クヌギのように花粉《かふん》が、風《かぜ》で飛《と》び、めしべにつくしくみの花《はな》を風媒花《ふうばいか》といいます。これに対《たい》して、蜜《みつ》をすいにきた昆虫《こんちゅう》に花粉《かふん》が運《はこ》ばれて、めしべにつくしくみの花《はな》を虫媒花《ちゅうばいか》といいます。

虫媒花《ちゅうばいか》は、昆虫《こんちゅう》に蜜《みつ》があることを知《し》らせる花《はな》びらや、花《はな》びらのかわりの、めだつ色《いろ》のがくや苞《ほう》で、チョウやハチなどの昆虫《こんちゅう》をよびよせます。しかし、風《ふう》媒花《ばいか》には、めだつ色《いろ》の花《はな》びらも、蜜《みつ》もありません。

地球上《ちきゅうじょう》に、花《はな》の蜜《みつ》をすったり、花粉《かふん》を集《あつ》める昆虫《こんちゅう》があらわれる前《まえ》の、太古《たいこ》の時代《じだい》は、マツやシラカバ、クヌギなどのように、花粉《かふん》を風《かぜ》で飛《と》ばす風媒花《ふうばいか》の植《しょく》物《ぶつ》が栄《さか》えていました。

新《あたら》しい時代《じだい》にうまれた植物《しょくぶつ》のなかにも、スイバやイネのように風媒花《ふうばいか》がありますが、これは、虫媒花《ちゅうばいか》から進化《しんか》したものと考《かんが》えられています。

古《ふる》い時代《じだい》の風媒花《ふうばいか》は、おばなが尾《お》のような穂《ほ》に、たくさんならんでつくのが、大《おお》きなとくちょうです。

花《はな》のどこがたねや実《み》に？

クヌギのドングリは，クヌギの実《み》です。植物学《しょくぶつがく》では，果実《かじつ》といいます。果実《かじつ》とは，子房《しぼう》のかべが生長《せいちょう》して果皮《かひ》となり，たねをつつんでいる実《み》のことです。

リンゴやナシは，子房《しぼう》ではなく花床《かしょう》が生長《せいちょう》して，実《み》のようになったものです。このような果実《かじつ》を偽果《ぎか》（にせものの果実《かじつ》）とよんでいます。

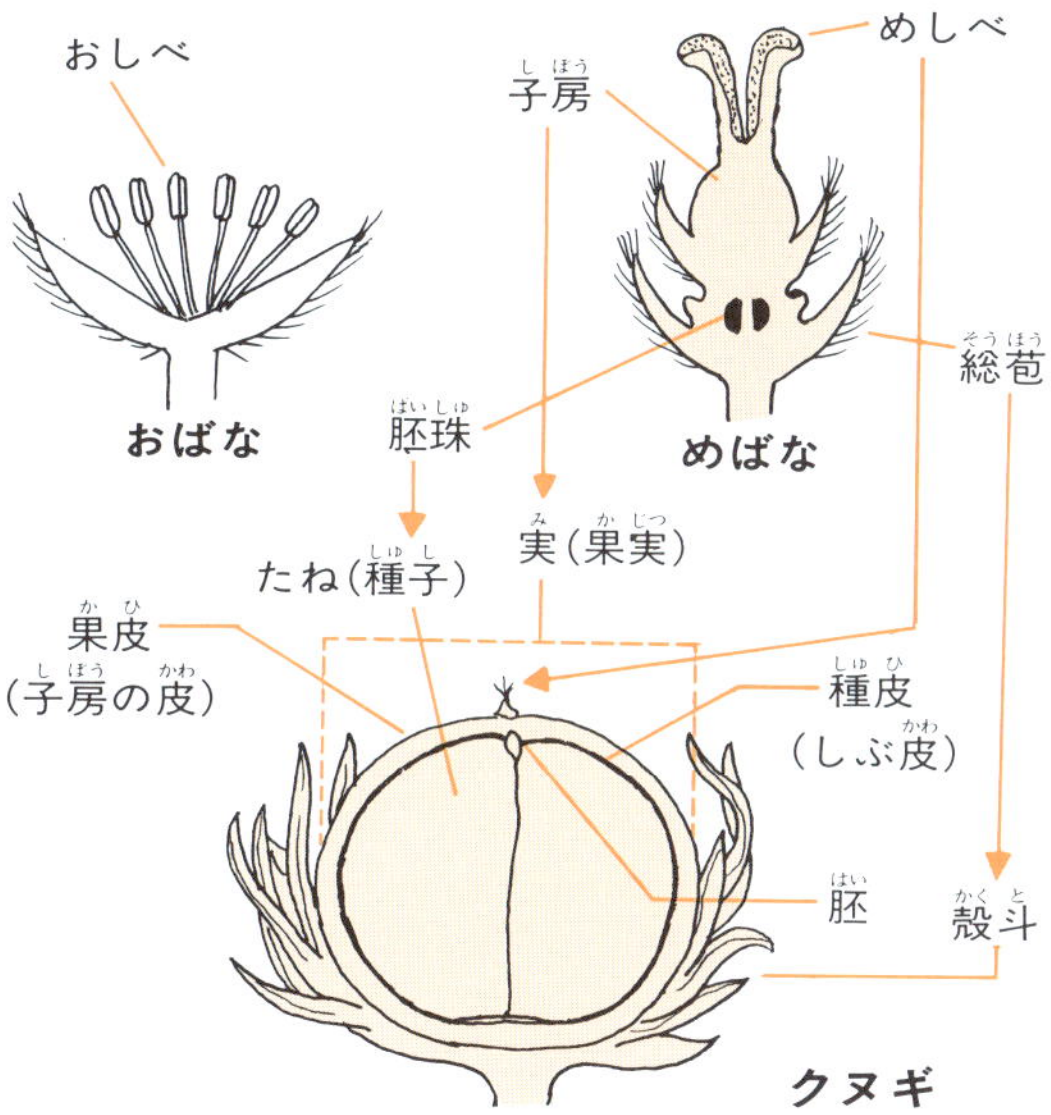

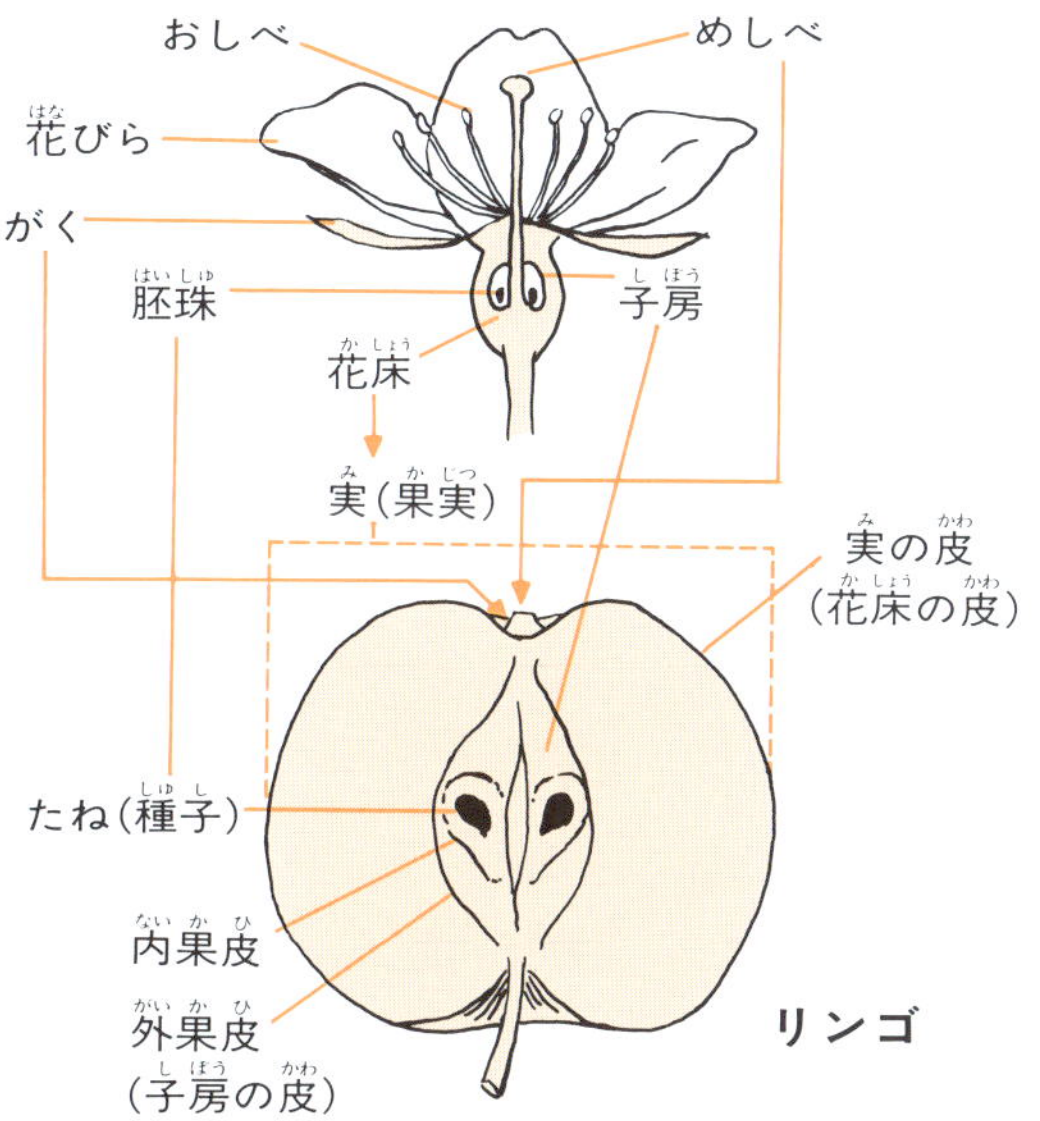

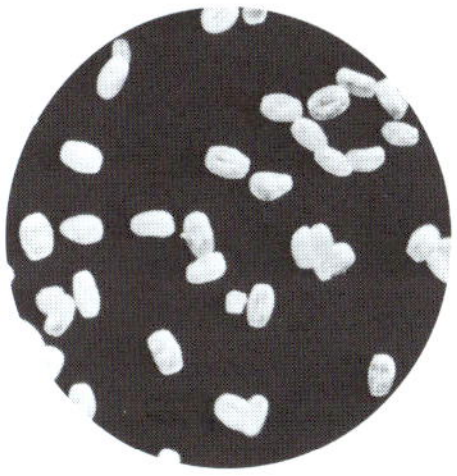

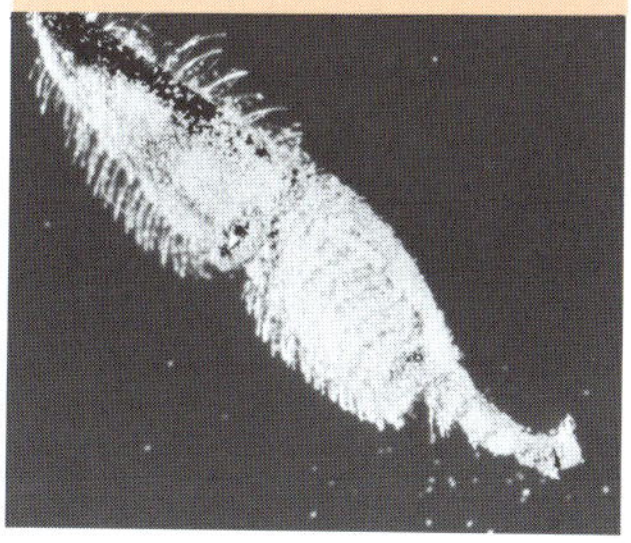

上《うえ》，虫媒花《ちゅうばいか》のヒナゲシの花《はな》にやってきたミツバチ。下《した》，ミツバチの足《あし》にたくさんついたヒナゲシの花粉《かふん》。

クヌギの花粉《かふん》を，ミツバチの足《あし》につけてみましたが，つきませんでした。円内《えんない》は，クヌギの花粉《かふん》。

ところが、クヌギと同《おな》じブナ科《か》のシイ類《るい》やクリのおばなには、昆虫《こんちゅう》が集《あつ》まってきます。めだつ花《はな》びらはありませんが、強《つよ》いかおりと蜜《みつ》で昆虫《こんちゅう》をよびよせます。でも、シイの花《はな》もクリの花《はな》も、おばなに昆虫《こんちゅう》がくるだけです。めばなには昆虫《こんちゅう》がきません。

また、シイやクリのおばなにきた昆虫《こんちゅう》の足《あし》には、虫媒花《ちゅうばいか》のときのように、花粉《かふん》がつきません。

シイやクリの花《はな》は、そのむかし、花《はな》に集《あつ》まる昆虫《こんちゅう》があらわれはじめた時代《じだい》に、風媒花《ふうばいか》から虫媒花《ちゅうばいか》へ、進化《しんか》をはじめた最初《さいしょ》の花《はな》なのかもしれません。

①

②

③

④

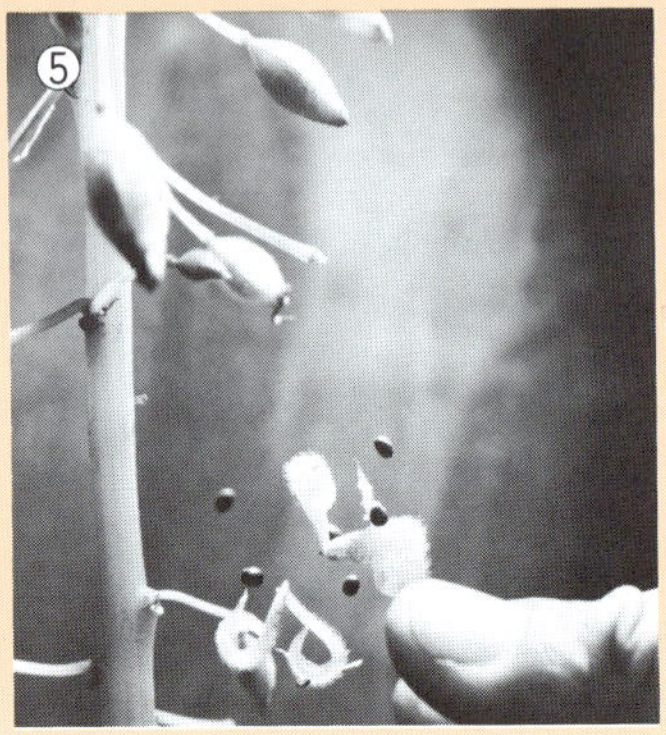
⑤

●**たねのちり方《かた》**

植物《しょくぶつ》は，すこしでも多《おお》くの子孫《しそん》を，より遠《とお》くへ，しかも確実《かくじつ》にのこすためのくふうをしています。

①鳥《とり》に食《た》べられて運《はこ》ばれるヤドリギ。②くっついて運《はこ》ばれるオナモミ。③風《かぜ》にのって運《はこ》ばれるセイヨウタンポポ。④こぼれ落《お》ちるだけのコスモス。⑤はじけとぶホウセンカ。

じゅくしたドングリは、自分《じぶん》の重《おも》みで落《お》ちますが、歌《うた》のように「ころころ」ころがってゆくことは、めったにないようです。

山《やま》の、草《くさ》の生《は》えていない坂道《さかみち》に落《お》ちれば、ころがってゆきます。しかし、たいていは、草《くさ》むらや、やぶの中《なか》にポトンと落《お》ちて、そこでとまってしまいます。

木《き》や草《くさ》の実《み》は、どれもみな、たねをできるだけ遠《とお》くへちらすしくみをもっています。

赤《あか》や紫《むらさき》、黄色《きいろ》など、あざやかな色《いろ》をした実《み》は、鳥《とり》に食《た》べられて、たねが運《はこ》ばれます。

実《み》の一部《いちぶ》が、かぎやとげになったものは、動物《どうぶつ》にくっついて、ヒッチハイクをします。

羽毛《うもう》やつばさをもった実《み》のたねは、風《かぜ》にのって、ちってゆきます。

ところが、ドングリやコスモス、マツヨイグサなどのように、「落《お》ちる」だけの実《み》やた

● ドングリ（コナラ）のちらばり方《かた》

地面《じめん》がたいらなところでは，ドングリの大部分《だいぶぶん》は，親木《おやぎ》の枝《えだ》がおおっているはんい内《ない》に落《お》ちます。ころがっていっても，せいぜい，その木《き》の高《たか》さと同《おな》じくらいの距離《きょり》までです。グラフは１㎡あたりに落《お》ちたドングリの割合《わりあい》です。

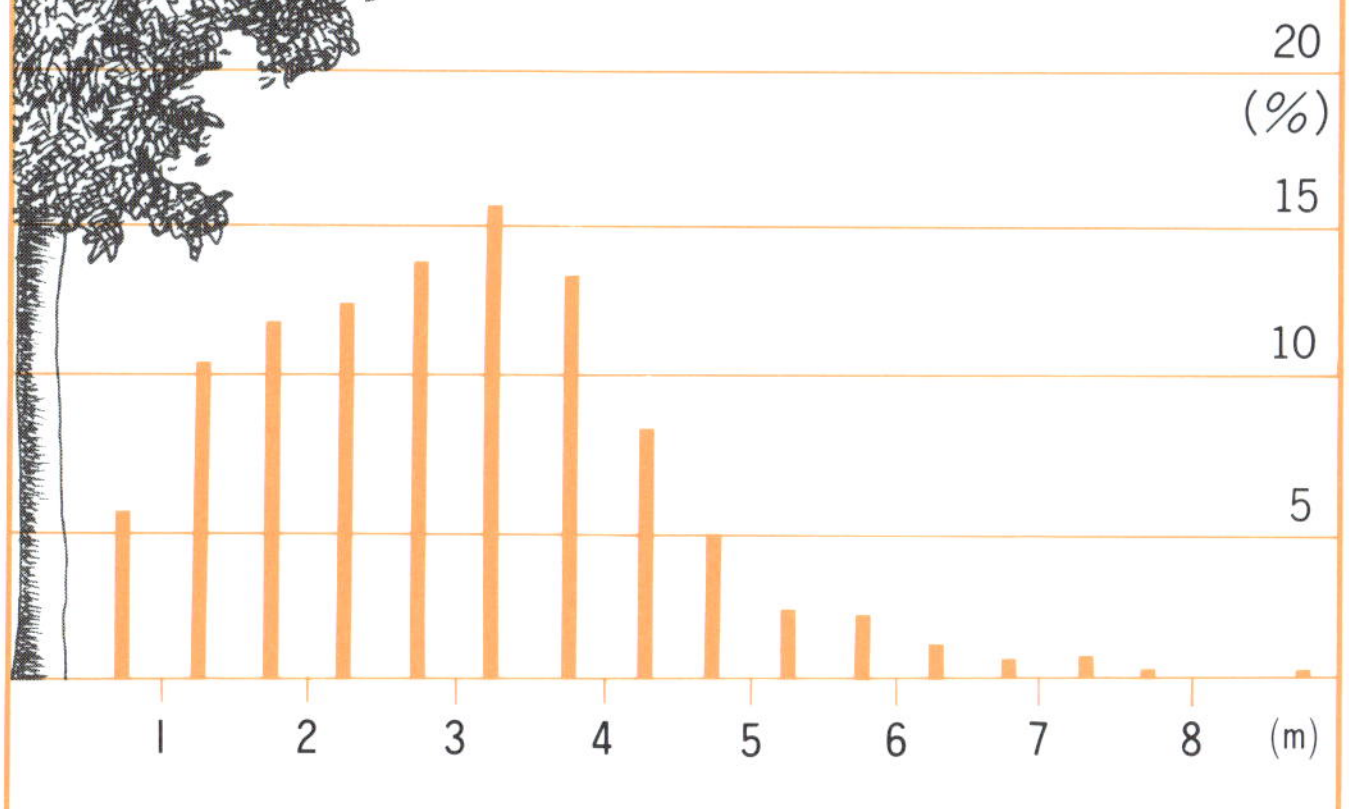

（資料《しりょう》＝東北大学《とうほくだいがく》付属植物園《ふぞくしょくぶつえん》、内藤俊彦《ないとうとしひこ》）

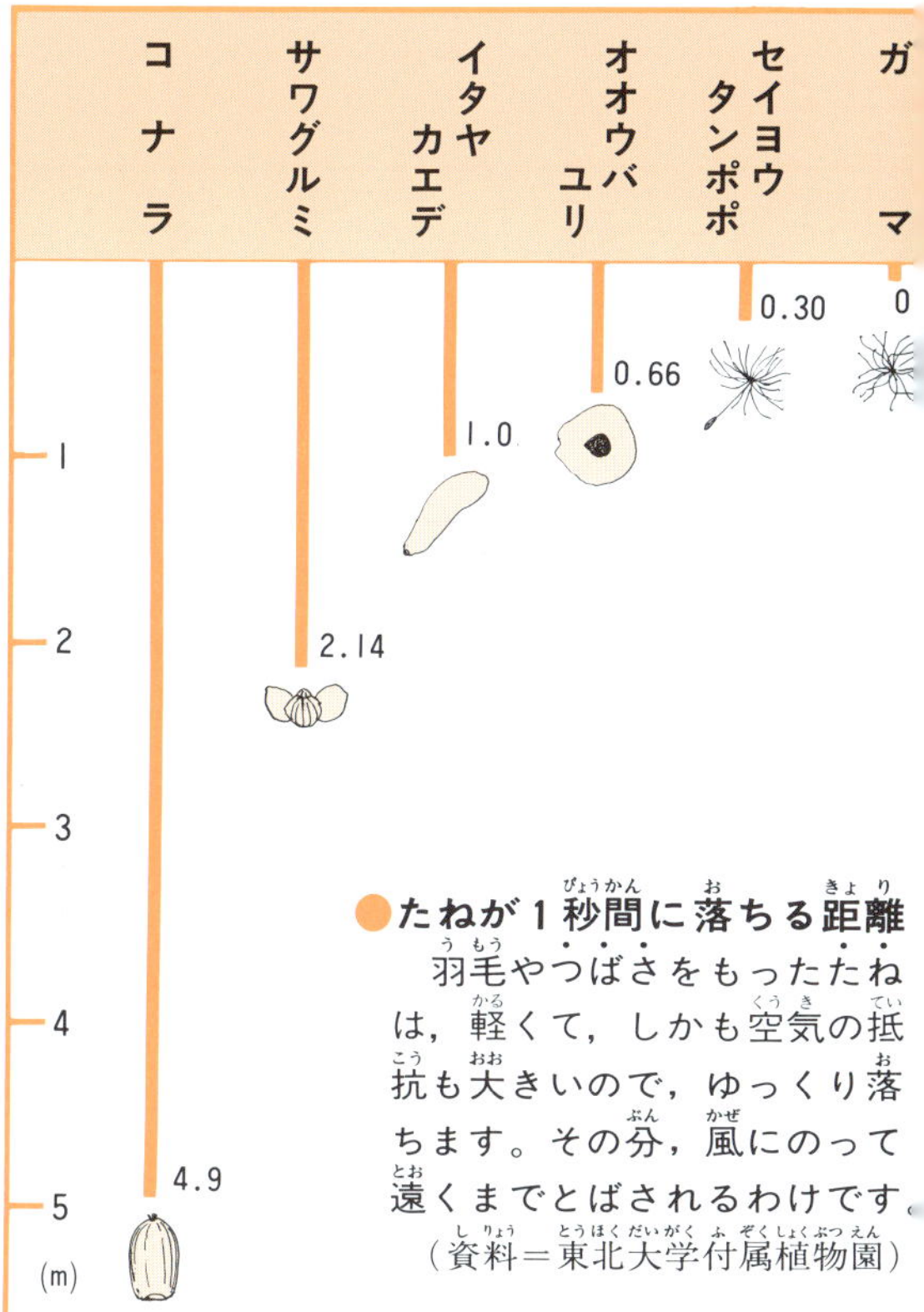

● たねが１秒間《びょうかん》に落《お》ちる距離《きょり》

羽毛《うもう》やつばさをもったたねは，軽《かる》くて，しかも空気《くうき》の抵抗《ていこう》も大《おお》きいので，ゆっくり落《お》ちます。その分《ぶん》，風《かぜ》にのって遠《とお》くまでとばされるわけです。

（資料《しりょう》＝東北大学《とうほくだいがく》付属植物園《ふぞくしょくぶつえん》）

ね・は、遠《とお》くへちってゆくことはできず、親《おや》植《しょく》物《ぶつ》の近《ちか》くへ落《お》ちることが多《おお》いのです。そのため、たねが「落《お》ちる」植《しょく》物《ぶつ》は、一か所《しょ》にまとまって生《は》えて、大《おお》きな群《む》れをつくります。

そして、つぎは群《む》れのまわりに生《は》えている植《しょく》物《ぶつ》が、群《む》れの外《そと》にたねを落《お》とします。こうして、たねが「落《お》ちる」植《しょく》物《ぶつ》は、群《む》れをひろげていきます。

しかし、この「落《お》ちる」だけの実《み》やたねも、高《たか》い茎《くき》や枝《えだ》から落《お》ちるとか、細《ほそ》くて風《かぜ》にゆれやすい茎《くき》や枝《えだ》から落《お》ちるといった方《ほう》法《ほう》で、できるだけ、遠《とお》く落《お》ちるしくみになっています。

強《つよ》い風《かぜ》がふいて、大《おお》きくゆれた枝《えだ》にはじきとばされて、三十メートルも飛《と》んでいったドングリを、わたしはみたことがあります。

また、落《お》ちたドングリが、雨《あめ》に流《なが》されて、ずいぶん遠《とお》くまで運《はこ》ばれていったのをみたこともあります

＊ドングリの林《はやし》をひろげたのはだれ？

⇧韓国《かんこく》の雪岳山《そらくさん》では，クヌギににたアベマキが，岩《いわ》だらけの山《やま》はだに生《は》えています。ここは，一年中《ねんじゅう》，風《かぜ》の強《つよ》い土地《とち》です。風《かぜ》がドングリを遠《とお》くまで運《はこ》んだのでしょうか，それとも動物が運《はこ》んだのでしょうか。

⇧クヌギのおさない木《き》は，冬《ふゆ》でもかれ葉《は》を落《お》としません。また，温室《おんしつ》で育《そだ》てると，葉《は》が緑色《みどりいろ》のまま冬《ふゆ》をこすことがあります。これは，クヌギが常緑樹《じょうりょくじゅ》から寒《さむ》さに強《つよ》い落葉樹《らくようじゅ》に進化《しんか》したなごりかもしれません。

ドングリのなるブナ科《か》の植物《しょくぶつ》のなかで、最初《さいしょ》に地球上《ちきゅうじょう》に生《う》まれてきたのは、常緑樹《じょうりょくじゅ》で二年《ねん》かかってドングリがじゅくす、カシ類《るい》ではないかと考《かんが》えられています。それは、今《いま》からおよそ八千万年前《せんまんねんまえ》か、それ以前《いぜん》のことです。

その後《ご》、地球《ちきゅう》の気温《きおん》の変化《へんか》に適応《てきおう》して、クヌギなどの落葉樹《らくようじゅ》のナラ類《るい》が生《う》まれたといわれています。

カシ類《るい》やナラ類《るい》が生《う》まれた時代《じだい》の地球《ちきゅう》は、恐竜《きょうりゅう》の時代《じだい》でした。でも、草食性《そうしょくせい》の恐竜《きょうりゅう》が、ドングリを食《た》べたかどうかは、わかっていません。現代《げんだい》のネズミやリスは、ドングリをかじって食《た》べてしまいますが、そのような動物《どうぶつ》は、まだいなかったようです。

ドングリをつける木《き》は、ドングリが「落《お》ちる」ことによって、林《はやし》をぐんぐんひろげてゆくことができました。

しかし、やがて、ネズミやリス、さらに人類《じんるい》など、ドングリを食《た》べ物《もの》にする動物《どうぶつ》があらわれました。ドングリは、そのような動物《どうぶつ》がいなかった時代《じだい》の植物《しょくぶつ》なので、食《た》べられることには、まったく無防備《むぼうび》です。

クヌギとミズナラ

最近《さいきん》の研究《けんきゅう》で、ミズナラはドングリを「落《お》とす」だけでなく、動物《どうぶつ》の助《たす》けをかりて、遠《とお》くへ運《はこ》んでもらっていることがわかってきました。

ところがクヌギの場合《ばあい》は、どうもこの話《はなし》はあてはまらないようです。そこで、クヌギとミズナラのドングリでは、どんな点《てん》がちがうか調《しら》べてみました。

ミズナラ

分布《ぶんぷ》　東北《とうほく》や北海道《ほっかいどう》に多《おお》く、九州《きゅうしゅう》では、高《たか》い山《やま》に生《は》えます。

ドングリを食《た》べる動物《どうぶつ》　シマリスやネズミなどでは、おもに巣《す》にもちかえってたくわえ、エゾリスやカケスなどは、地面《じめん》にうめてたくわえます。冬《ふゆ》ごしのための食料《しょくりょう》です。

発芽《はつが》　秋《あき》に落《お》ちたドングリは、すぐ根《ね》をだしますが、落《お》ちたままのものはかれやすく、落《お》ち葉《ば》や地面《じめん》の下《した》にうめられたものが生《い》きのこりやすいようです。

乾燥《かんそう》に対《たい》して　弱《よわ》い。秋《あき》のうちに根《ね》をだせなかったものは、ほとんどかれます。

クヌギ

分布《ぶんぷ》　東北《とうほく》以南《いなん》の比較的《ひかくてき》、おだやかな気候《きこう》のところ。

ドングリを食《た》べる動物《どうぶつ》　ネズミなどは、みつけると、その場《ば》でほとんど食《た》べてしまいます。地面《じめん》にうめて、たくわえることはすくないようです。

発芽《はつが》　落《お》ちてすぐには、根《ね》をだしません。秋《あき》に根《ね》をだすものはすくなく、翌年《よくねん》の春《はる》に根《ね》をだします。

乾燥《かんそう》に対《たい》して　強《つよ》い。秋《あき》にひろったドングリを、つくえのひきだしにいれっぱなしにしておいても、翌年《よくねん》の春《はる》にまくと、発芽《はつが》します。

ところが、ミズナラなどでは、ドングリをくわえて運《はこ》ぶとちゅうに落《お》とす鳥《とり》やネズミがいたり、また、土《つち》の中《なか》にうめてたくわえておいたドングリを食《た》べわすれるネズミやリスがいたりして、それが芽生《めば》えることがあります。それで林《はやし》がひろがっていくともいわれています。

これは、動物《どうぶつ》の失敗《しっぱい》を利用《りよう》して、たねをちらし、子孫《しそん》をふやす方法《ほうほう》といえるでしょう。

ドングリの芽生《めば》え

ふつうの植物《しょくぶつ》は、芽生《めば》えのとき、子葉《しよう》を地上《ちじょう》にもちあげます。でも、ドングリはもちあげません。

ドングリのなかみ（たね）は、ぶあつい二枚《まい》の子葉《しよう》でできています。ここに栄養分《えいようぶん》がたくわえられていて、その養分《ようぶん》で、根《ね》や本葉《ほんば》をだすのです。

▲クヌギの本葉《ほんば》がでてきました。子《し》葉《よう》は地面《じめん》によこたわったままです。

▲カキの芽《め》ばえ。子葉《しよう》（ふた葉《ば》）についているのは，たねの皮《かわ》です。

＊ドングリのなかま調《しら》べ

ドングリは、みんな形《かたち》がにていて、区別《くべつ》がむずかしく、名前《なまえ》をしらべるのにくろうします。

そんなとき、ドングリをつつんでいたおさらとかおわんとよんでいる殻斗《かくと》や、ドングリのなっていた木《こ》の葉《は》もいっしょに調《しら》べると、名前《なまえ》を知《し》るのに、たいへん役《やく》にたちます。

一本《ぽん》の木《き》から落《お》ちたはずのドングリなのに、大《おお》きさがちがうことがあります。同《おな》じ種類《しゅるい》の木《き》なのに、ドングリの形《かたち》や大《おお》きさがちがうこともあります。

これは、栄養《えいよう》の状態《じょうたい》や、木《き》の個性《こせい》のちがいによるものと思《おも》われますが、こんなとき、殻斗《かくと》や葉《は》があると、同《おな》じ種類《しゅるい》であるかどうかがよくわかります。

ドングリは、昨年《さくねん》たくさん落《お》ちていたところに、ことしいっても、ほとんど落《お》ちていないことがあります。ドングリがたくさんなった年《とし》は、ドングリをつくるために木《き》の栄養分《えいようぶん》がたくさんつかわれ、つぎの年《とし》には、栄養不足《えいようぶそく》になるからでしょう。

⬆同《おな》じ１本《ぽん》のクヌギの木《き》から落《お》ちたドングリですが，こんなにも形《かたち》や大《おお》きさがちがいます。

●ドングリの語源《ごげん》

ドングリを漢字《かんじ》では、「団栗《どんぐり》」と書《か》きます。「団《どん》」には、まるいという意味《いみ》があり、栗《くり》のような実《み》で、まるいことから、このような名前《なまえ》がついたといわれています。

しかし、わたしは韓国語《かんこくご》が語源《ごげん》ではないかと考《かんが》えています。韓国語《かんこくご》の古《ふる》いことばでは、「まるいもの」をドングル・イといいます。

大《おお》むかしは、朝鮮半島《ちょうせんはんとう》と日本《にっぽん》がつながっていた時代《じだい》があり、ドングリのなるナラ類《るい》の木《き》は、朝鮮半島《ちょうせんはんとう》から日本《にっぽん》にわたってきたといわれています。また、どちらの国《くに》でも、むかしは、ドングリが重要《じゅうよう》な食糧《しょくりょう》でした。それらのことからも、ドングリの語源《ごげん》は、韓国語《かんこくご》かもしれないと考《かんが》えています。

日本《にっぽん》のドングリ

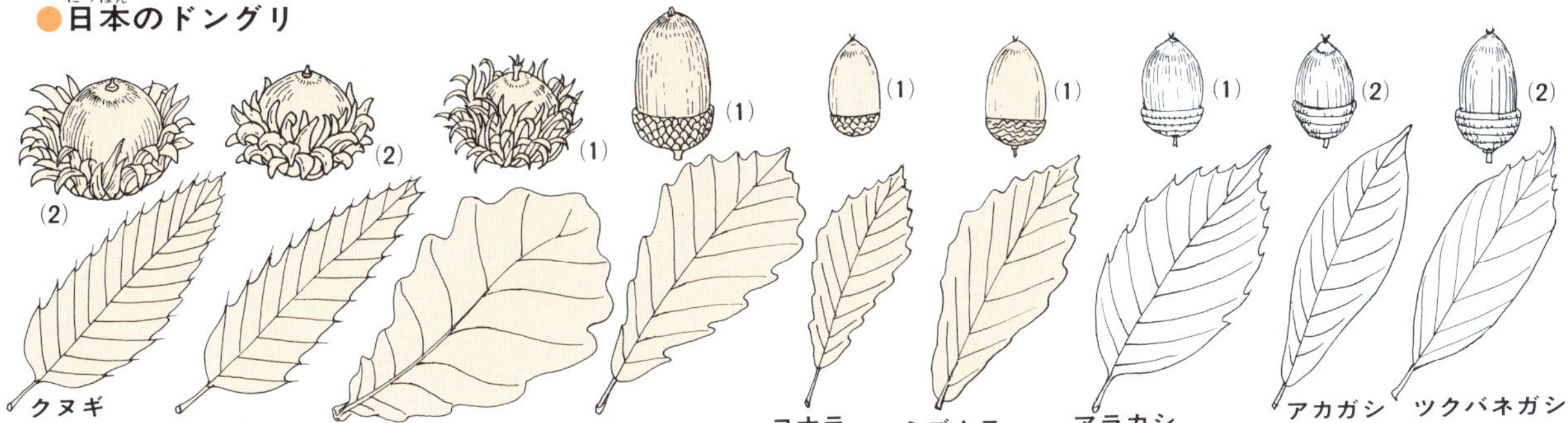

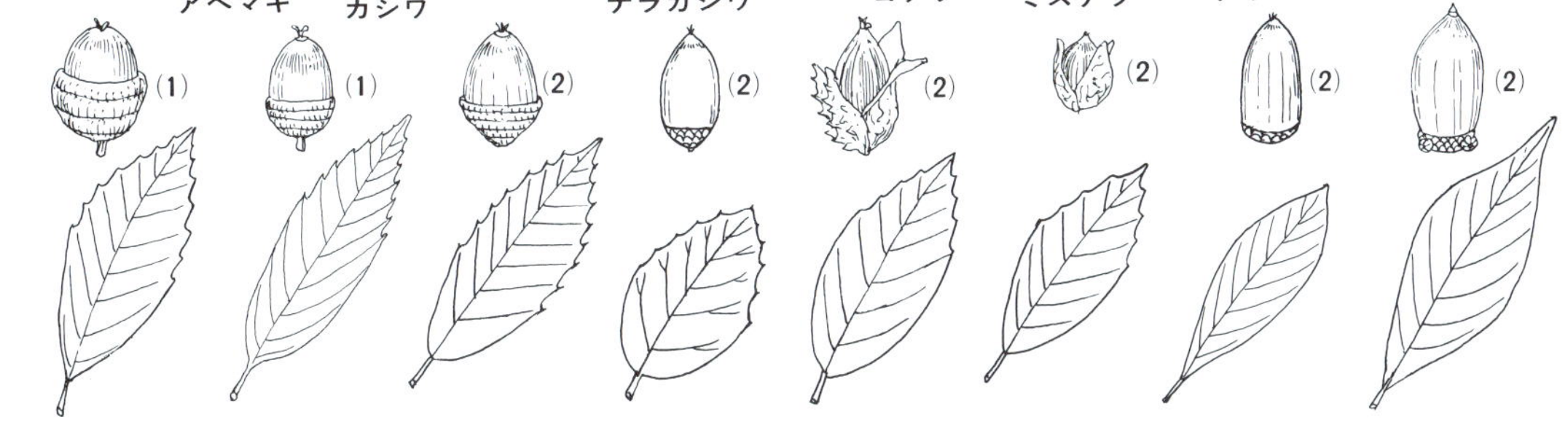

※( )の数字《すうじ》は、ドングリがじゅくすまでかかる年数《ねんすう》。色《いろ》のついたドングリは落葉樹《らくようじゅ》、それ以外《いがい》は常緑樹《じょうりょくじゅ》のドングリ。

和《わ》　名《めい》	殻斗《かくと》のりん片《ぺん》	ドングリのとくちょう	葉《は》　の　形《かたち》	備《び》　考《こう》	分《ぶん》　布《ぷ》
クヌギ	肉質《にくしつ》で長《なが》く，そりかえる	球形《きゅうけい》～やや長球形《ちょうきゅうけい》	葉《は》のふちに針状《はりじょう》にとがった鋸歯《きょし》がある	クリの葉《は》ににるが，鋸歯《きょし》に葉緑素《ようりょくそ》がない	岩手《いわて》，山形県以南《やまがたけんいなん》，屋久《やく》島《しま》，種子島《たねがしま》まで
アベマキ	同《どう》　上《じょう》	同《どう》　上《じょう》	クヌギの葉《は》ににているが，葉《は》のうらが白《しろ》い	幹《みき》の樹皮《じゅひ》に深《ふか》いでこぼこがある	岩手《いわて》，山形県以南《やまがたけんいなん》，九州《きゅうしゅ》中部《ちゅうぶ》まで
カシワ	紙質《かみしつ》で長《なが》く，そりかえる	球形《きゅうけい》でめしべのあとが長《なが》い	たいへん大《おお》きい。ふちは大《おお》きな波形《なみがた》	葉《は》は長《なが》さ30cmくらいになり，もちなどをつつむ	日本全土《にっぽんぜんど》。ただし琉球列《りゅうきゅうれ》島《とう》をのぞく
ナラガシワ	うろこ状《じょう》（深《ふか》い）	長形《ちょうけい》で太《ふと》い	大《おお》きく上《うえ》の方《ほう》が幅広《はばひろ》。ふちは波形《なみがた》	葉《は》はカシワ形《がた》。ドングリはコナラ形《がた》	岩手《いわて》，秋田県以南《あきたけんいなん》
コナラ	うろこ状《じょう》（やや浅《あさ》い）	長《ちょう》球《きゅう》形《けい》	やや小形《こがた》。ふちにはとがった鋸歯《きょし》がある	葉《は》にえがある。葉《は》の基部《きぶ》はくさび形《がた》	日本全土《にっぽんぜんど》。ただし琉球列《りゅうきゅうれ》島《とう》をのぞく
ミズナラ	うろこ状《じょう》（深《ふか》い）	球形《きゅうけい》～長球形《ちょうきゅうけい》で濃褐色《のうかっしょく》	すこし大形《おおがた》。上《うえ》の方《ほう》が幅広《はばひろ》。ふちに大《おお》きな鋸歯《きょし》がある	葉《は》のえはほとんどない。葉《は》の基部《きぶ》は耳形《みみがた》	日本全土《にっぽんぜんど》。ただし暖地《だんち》では高《たか》い山《やま》
アラカシ	横《よこ》しま状《じょう》	上《うえ》の方《ほう》が幅広《はばひろ》の球形《きゅうけい》で縦《たて》じまがある	上半分《うえはんぶん》のふちに鋸歯《きょし》がある	西日本《にしにほん》でいちばん多《おお》いカシ	宮城《みやぎ》，山形県以南《やまがたけんいなん》，琉球《りゅうきゅう》列島《れっとう》も
アカガシ	横《よこ》しま状《じょう》で毛《け》が多《おお》い	同上《どうじょう》で，褐色《かっしょく》	ふちに鋸歯《きょし》がない	材質《ざいしつ》が赤《あか》い	宮城《みやぎ》，新潟県以南《にいがたけんいなん》，屋久《やく》島《しま》（台湾《たいわん》，中国《ちゅうごく》）
ツクバネガシ	同《どう》　上《じょう》	やや長《なが》い球形《きゅうけい》で縦《たて》じまがある	上半分《うえはんぶん》にかすかに鋸歯《きょし》がある	枝先《えださき》の葉《は》が4枚《まい》，ツクバネ状《じょう》にでる	宮城《みやぎ》，富山県以南《とやまけんいなん》
イチイガシ	同《どう》　上《じょう》	小形《こがた》で長形《ちょうけい》。上部《じょうぶ》に毛《け》がある	上半分《うえはんぶん》に鋸歯《きょし》，うらは黄《おう》褐色《かっしょく》の毛《け》がある	神社《じんじゃ》などに植《う》えられている	関東南部以南《かんとうなんぶいなん》（台湾《たいわん》，中国《ちゅうごく》）
シラカシ	横《よこ》しま状《じょう》	やや長《なが》い球形《きゅうけい》で上部《じょうぶ》に毛《け》がある	上半分《うえはんぶん》のふちに浅《あさ》い鋸歯《きょし》があり，うらは灰緑色《はいりょくしょく》	生《い》けがきに植《う》えられる	福島県以南《ふくしまけんいなん》（中国南部《ちゅうごくなんぶ》）
ウラジロガシ	同《どう》　上《じょう》	やや長《なが》い球形《きゅうけい》で濃褐色《のうかっしょく》	上半分《うえはんぶん》にするどい鋸歯《きょし》があり，うらは白《しろ》い	風《かぜ》がふくと葉《は》が白《しろ》くみえる	宮城《みやぎ》，新潟県以南《にいがたけんいなん》，琉球《りゅうきゅう》列島《れっとう》も（台湾《たいわん》）
ウバメガシ	うろこ状《じょう》（浅《あさ》い）	上下《じょうげ》とも細《ほそ》くなった長形《ちょうけい》	小形《こがた》でだ円形《えんけい》。上半分《うえはんぶん》に浅《あさ》い鋸歯《きょし》がある	海岸《かいがん》に多《おお》い	神奈川県以南《かながわけんいなん》の暖地《だんち》，琉球列島《りゅうきゅうれっとう》（中国《ちゅうごく》）
スダジイ	実《み》をつつむ	小形《こがた》でとがった長形《ちょうけい》，褐色《かっしょく》	鋸歯《きょし》はほとんどない。うらは淡褐色《たんかっしょく》	海岸地帯《かいがんちたい》の山《やま》に多《おお》い	福島《ふくしま》，新潟県以南《にいがたけんいなん》，琉球《りゅうきゅう》列島《れっとう》，与那国《よなぐに》まで
ツブラジイ	同《どう》　上《じょう》	小形《こがた》で球形《きゅうけい》。黒色《こくしょく》	上半分《うえはんぶん》に浅《あさ》い鋸歯《きょし》があり，うらは灰褐色《はいかっしょく》	内陸《ないりく》に多《おお》い	東海地方以南《とうかいちほういなん》，種子島《たねがしま》まで
マテバシイ	うろこ状《じょう》（さら形《がた》）	大《おお》きい長形《ちょうけい》。茶色《ちゃいろ》	上《うえ》の方《ほう》が幅広《はばひろ》い長《ちょう》だ円形《えんけい》。鋸歯《きょし》はなく，うらは淡褐色《たんかっしょく》	ドングリは穂状《ほじょう》につく	関東南部以南《かんとうなんぶいなん》の暖流《だんりゅう》の影響《えいきょう》をうける地帯《ちたい》
シリブカガシ	うろこ状《じょう》（さら形《がた》で浅《あさ》い）	とがった長球形《ちょうきゅうけい》で黒褐色《こくかっしょく》	小形《こがた》で上《うえ》の方《ほう》にかすかに鋸歯《きょし》があり，うらは銀白色《ぎんはくしょく》	花《はな》は秋《あき》にさき，実《み》は翌年《よくねん》の秋《あき》にじゅくす	近畿以南《きんきいなん》，琉球列島《りゅうきゅうれっとう》（中国《ちゅうごく》）

●ドングリの分布《ぶんぷ》とアクぬき技術《ぎじゅつ》のちがい

●加熱《かねつ》してアクをぬく
○水《みず》にさらしてアクをぬく

常緑広葉樹《じょうりょくこうようじゅ》（照葉樹《しょうようじゅ》）林帯《りんたい》
落葉広葉樹林帯《らくようこうようじゅりんたい》
針葉樹林帯《しんようじゅりんたい》

※原図《げんず》＝アニマ'86年《ねん》10月号《がつごう》、松山利夫《まつやまとしお》より

ナラ類《るい》のドリングは，湯《ゆ》でにないとアクがぬけません。カシ類《るい》のドングリは，水《みず》にさらすだけで，アクがぬけます。

アクぬきの技術《ぎじゅつ》は，最近《さいきん》までつたえられてきましたが，その2とおりのアクぬき技術《ぎじゅつ》のちがいは，常緑樹《じょうりょくじゅ》（照葉樹《しょうようじゅ》）のドングリと，落葉樹《らくようじゅ》のドングリの分布《ぶんぷ》に、ふかい関係《かんけい》があります。

ドングリのなるナラ類《るい》や、カシ、シイ類《るい》の木《き》は、まきや炭《すみ》としてつかわれたり、農具《のうぐ》や家具《かぐ》につかわれるなど、人《ひと》びとの生活《せいかつ》をささえてきました。

クヌギの葉《は》を食《た》べて育《そだ》つヤママユガのまゆは、重《じゅう》要《よう》な糸《いと》の材料《ざいりょう》でしたし、殻斗《かくと》やその木《き》の皮《かわ》は、染料《せんりょう》として利用《りよう》されてきました。

そればかりではありません。ドングリは、稲作農《いなさくのう》耕《こう》が発達《はったつ》する以前《いぜん》には、たいせつな食糧《しょくりょう》でした。

いまから一万《まん》三千年前《ぜんねんまえ》ごろから、地球《ちきゅう》の気温《きおん》があがり、氷河《ひょうが》がとけて海面《かいめん》が高《たか》くなりました。それまで大陸《たいりく》とつながっていた日本《にっぽん》は、海《うみ》にかこまれた温《おん》暖《だん》な気候《きこう》になり、ドングリのできる林《はやし》がひろがりはじめました。ちょうど、そのころ日本列島《にっぽんれっとう》で土器《どき》が誕生《たんじょう》しました。縄文土器《じょうもんどき》です。

ドングリのなかには、シイのようになまで食《た》べられるものもありますが、たいていはアクがあり、そのままでは食《た》べられません。そこで、日本《にっぽん》では、ド

ドングリのとうふ

韓国《かんこく》には、茶色《ちゃいろ》のとうふのような、かんてんのような、トトリムックという、ドングリからつくった食《た》べ物《もの》があります。つぎに、そのつくり方《かた》を紹介《しょうかい》します。

まず、秋《あき》にひろい集《あつ》めたドングリをほして、皮《かわ》をむきます（①）。ドングリの種類《しゅるい》は、コナラがいちばんいいようです。

つぎに、それを石《いし》うすでくだき、水《みず》であらってアクをぬき、大《おお》きな釜《かま》でにます。根気《こんき》よくかきまぜながらにると（②）、やがてどろどろになります。これを箱《はこ》に流《なが》しこんで（③）、さめるのをまって、切《き》ればできあがりです（④）。

ングリのアクぬきをするときの道具《どうぐ》として、土器《どき》が発明《はつめい》されたのではないかと考《かんが》える学者《がくしゃ》もいます。

とりわけ、落葉広葉樹林帯《らくようこうようじゅりんたい》のドングリは、湯《ゆ》でにないとアクがぬけません。なかには、灰汁《はいじる》をつかってアクをぬくこともあったようで、この地方《ちほう》のアクぬきの技術《ぎじゅつ》は、高度《こうど》に発達《はったつ》しました。

ドングリのアクぬき技術《ぎじゅつ》は、縄文時代《じょうもんじだい》以後《いご》も、うけつがれてきました。とくに、イネのできない山村《さんそん》では、ごく最近《さいきん》までつたえられてきました。

縄文時代《じょうもんじだい》のドングリ貯蔵用《ちょぞうよう》のあな

日本《にっぽん》の各地《かくち》から，縄文時代《じょうもんじだい》のものと考《かんが》えられる，ドングリを貯蔵《ちょぞう》したあながみつかっています。岡山県《おかやまけん》でみつかったあなは，今《いま》から3000年《ねん》くらい前《まえ》のもので，地下水《ちかすい》のわきだすところにあることから，ドングリを水《みず》にさらしながら貯蔵《ちょぞう》したものと考《かんが》えられています。

あとがき

庭《にわ》のクヌギに、ことしは、たくさんドングリがなりました。コナラにもドングリがなりました。五年前《ねんまえ》に、ドングリをまいたものです。

じつは、そのころから、この本《ほん》のためにドングリの撮影《さつえい》をはじめたのですが、いつも撮影《さつえい》していたクヌギ林《ばやし》が、ある日《ひ》突然《とつぜん》、切《き》りたおされて、予定《よてい》の撮影《さつえい》ができず、がっかりしたということも、何度《なんど》かありました。

また、そのあいだに、北海道《ほっかいどう》から沖縄《おきなわ》まで、いろいろなドングリの林《はやし》をみてまわりました。中国《ちゅうごく》の雲南省《うんなんしょう》にもいきました。韓国《かんこく》の山《やま》にものぼりました。

いろいろなことがわかりました。ドングリについて調《しら》べることが、どんなにむつかしく、大《おお》きな仕事《しごと》であるかもわかりました。

どんな植物《しょくぶつ》でもそうですが、とくにドングリの場合《ばあい》、古《ふる》い時代《じだい》から生《い》きてきた植物《しょくぶつ》だけに、地球《ちきゅう》の歴史《れきし》だけでなく、人類《じんるい》の歴史《れきし》までがきざみこまれていて、興味《きょうみ》ある問題《もんだい》や疑問《ぎもん》が、つぎつぎにひろがってきます。

この本《ほん》では、国東半島《くにさきはんとう》のクヌギ林《ばやし》を舞台《ぶたい》に、ドングリの世界《せかい》のほんの一部《いちぶ》を紹介《しょうかい》したにすぎません。それでも、みなさんがドングリを手《て》にしたとき、ドングリの歴史《れきし》や科学《かがく》に、想《おも》いをよせるきっかけになればと願《ねが》っています。

この本《ほん》は、多《おお》くの方《かた》がたのご協力《きょうりょく》でできました。この場《ば》をかりて、ご協力《きょうりょく》いただいたみなさまに、お礼《れい》を申《もう》しあげます。

埴《はに》 沙萠《しゃぼう》

（一九八七年十一月）

NDC479

埴　沙萠

科学のアルバム　植物 17

ドングリ

あかね書房 2022

54P　23×19cm

科学のアルバム
ドングリ

一九八七年十一月初版
二〇〇五年 四 月新装版第 一 刷
二〇二二年一〇月新装版第一三刷

著者　埴　沙萠

発行者　岡本光晴
発行所　株式会社 あかね書房
〒一〇一-〇〇六五
東京都千代田区西神田三-二-一
電話〇三-三二六三-〇六四一（代表）
http://www.akaneshobo.co.jp
印刷所　株式会社 精興社
写植所　株式会社 田下フォト・タイプ
製本所　株式会社 難波製本

ISBN978-4-251-03396-3
定価は裏表紙に表示してあります。
落丁本・乱丁本はおとりかえいたします。

○表紙写真

・クヌギのドングリ

○裏表紙写真（上から）

・クヌギのドングリ

・カケスに食《く》われるコナラのドングリ

・クヌギとコナラの雑《ぞう》木《き》林《ばやし》の冬《ふゆ》

○扉写真

・コナラのドングリの芽《め》生《ば》え

○もくじ写真

・高原《こうげん》に１本《ぽん》だけ生《は》えたクヌギの木《き》

科学のアルバム

全国学校図書館協議会選定図書・基本図書

サンケイ児童出版文化賞大賞受賞